超二

JN000474

最強に面白い!!

相対性理論

はじめに

　「時間と空間は，長くなったり短くなったりする」。こんな話を聞いて，信じられるでしょうか。これは，天才物理学者のアルバート・アインシュタインがとなえた，相対性理論の考え方です。相対性理論によると，1秒や1メートルの長さは，立場や状況によってかわってしまうといいます。

　アインシュタインが「特殊相対性理論」を発表したのは，1905年のことです。特殊相対性理論は，時間と空間の新理論でした。さらにその10年後，アインシュタインは，理論を発展させて「一般相対性理論」を発表しました。一般相対性理論は，重力の新理論です。相対性理論は，常識を根底からくつがえす，世紀の大理論となりました。

　本書は，相対性理論を，ゼロから学べる1冊です。"最強に"面白い話題をたくさんそろえましたので，どなたでも楽しく読み進めることができます。相対性理論の世界を，どうぞお楽しみください！

ニュートン式
超図解 最強に面白い!!

相対性理論

イントロダクション

1. 相対性理論の基本，
光の速さを知る

2. 特殊相対性理論： 時間と空間の新理論

3. 一般相対性理論：
重力の新理論

4. 相対性理論と現代物理学

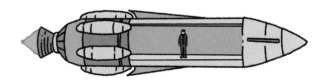

イントロダクション

相対性理論は，それまでの物理学を根底からくつがえした革新的な理論です。相対性理論とは，いったいどういった理論なのでしょうか。イントロダクションでは，相対性理論を簡単に紹介します。

アインシュタインの疑問からはじまった相対性理論

「光の速さで飛んだら，顔は鏡に映るのか」

相対性理論は，天才物理学者のアルバート・アインシュタイン（1879～1955）がとなえた理論です。そのはじまりは，アインシュタインが16歳のときに抱いた次の疑問でした。

「もし自分が光の速さで飛んだら，顔は鏡に映るのだろうか？」。

顔が鏡に映るには，顔から出た光が鏡に達し，反射して自分の眼にもどってくる必要があります。もし自分が光と同じ速さで動いていたら，光は鏡に届かないのではないでしょうか？

音波は音速で飛ぶ旅客機の前に出られない

音速で飛ぶ旅客機の場合で考えてみましょう。音は止まった空気に対して秒速約340メートルで進みます。音速で飛ぶ旅客機も，止まった空気に対して秒速約340メートルで飛びます。ですから音速で飛ぶ旅客機の先端から音波を出した場合，旅客機から見ると音波の速さは差し引きでゼロになり，音波は旅客機の前に出られないのです。

もし光が音と同じ性質なら，光速で進む顔から出た光は，あたかも止まったように見え，鏡に届かないでしょう。しかしアインシュタインは，「止まった光」などありえないと考え，悩みました。

この疑問が，やがて相対性理論へとつながっていったのです。

アインシュタインの疑問

鏡を持ちながら光と同じ速さで飛んだら，鏡に自分の顔は映る
でしょうか。アインシュタインが抱いたこの疑問が，やがて相
対性理論につながっていきます。

光は鏡に届く？　顔は映る？

2 特殊相対性理論は，時間と空間についての理論

時間や空間は相対的なもの

　アインシュタインは，1905年に「特殊相対性理論」を発表し，さらにその10年後に「一般相対性理論」を発表しました。まずは，特殊相対性理論の概要を紹介します。特殊相対性理論とは，時間と空間についての理論です。簡単にいうと，「時間や空間の長さは，だれにとっても同じではなく，立場によってかわる相対的なものだ」ということを明らかにした理論です。

時間の進み方が遅くなり，空間が短くなる

　特殊相対性理論によると，高速で移動する物体の中では，時間の進み方が遅くなり，空間が短くなります。右のイラストを見てください。宇宙空間で静止しているアリスから見ると，高速で進む宇宙船の中にいるボブのもったストップウォッチは，ゆっくり進んでいます。また，アリスから見ると，ボブの体を含めた宇宙船内のあらゆる物の長さが進行方向にちぢんでいます。特殊相対性理論によると，このような不思議な現象がおきるというのです。

宇宙船内の時間と空間

アリスから見ると，宇宙船内の時間はゆっくり進み，空間は縮んで見えます。一方，ボブは，宇宙船の中の時間の遅れや，空間の縮みを自覚することはできません。

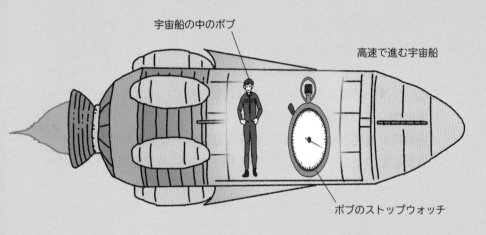

宇宙船の中のボブ

高速で進む宇宙船

ボブのストップウォッチ

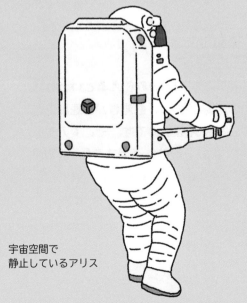

宇宙空間で
静止しているアリス

アリスのストップウォッチ

13

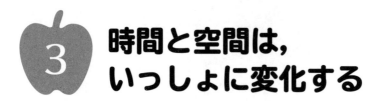

3 時間と空間は，いっしょに変化する

時間と空間は，一体のものである

特殊相対性理論によると，時間と空間は，別々に変化するのではなく，いっしょに長くなったり短くなったりします。たとえば，ボブが1メートルだと主張する物体が，アリスから見て1メートル未満に縮むとします。このときかならずアリスから見て，ボブのストップウォッチはゆっくり進みます。

特殊相対性理論の登場以降，時間と空間は一体のものであるとみなされました。そして両者はまとめて「時空」や「時空連続体」とよばれるようになりました。私たちの住む世界は，三つの空間次元と一つの時間次元をもつ「4次元時空」だといえるのです。

特定の条件の下でしか使えない

特殊相対性理論の「特殊」は，特殊な状況でのみ使えるという意味です。特殊相対性理論は，「重力の影響がない」「観測者が加速度運動していない」，という条件の下でしか使えないのです。そこでアインシュタインは，特殊相対性理論を，より一般的に通用する「一般相対性理論」に発展させました。次のページでは，一般相対性理論についてみてみましょう。

時間と空間はきりはなせない

右のストップウォッチは，左のストップウォッチよりもゆっくり進んでいます。つまり，時間の流れが遅くなっています。このときかならず，空間も縮みます。

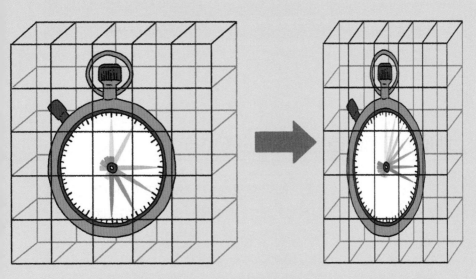

時間の流れが遅くなるとき，
空間（長さ）は縮む

時間と空間は連動して変化するということが，特殊相対性理論の基本なのです。

15

4 一般相対性理論は，時間と空間そして重力の理論

重力の正体は，時空のゆがみ

特殊相対性理論の発表から10年後，アインシュタインが一般相対性理論で明らかにしたのは，重力の正体が「時空のゆがみ」だということです。質量をもつ物体の周囲では，時空がゆがみ，光すらも進む方向が曲げられます。

地球の周囲の時空はゆがんでいる

アインシュタインは，地球（質量をもつ物体）の周囲の時空（時間と空間）はゆがんでいると考えました。ボールが地面のくぼみに転がり落ちるように，時空のゆがみの影響を受けてリンゴは地球に引き寄せられます。重力とは，時空のゆがみの影響のあらわれなのです。一般相対性理論によると，時空のゆがみは，物体の質量が大きいほど大きく，物体に近いほど大きくなります。

一般相対性理論による重力

地球の下にえがかれた格子のゆがみは，ゆがんだ時空をあらわしています。この時空のゆがみによって，リンゴは地球に向かって転がっていきます。これが重力のしくみです。

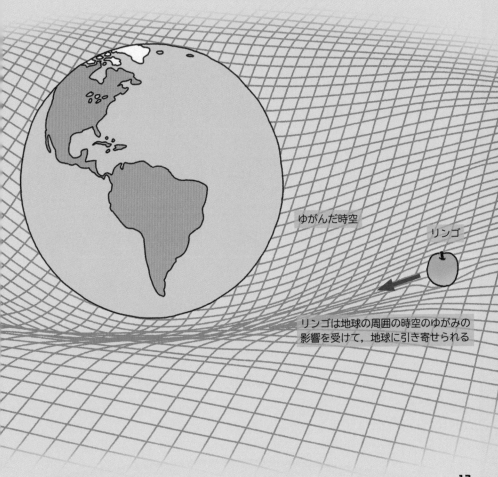

ゆがんだ時空

リンゴ

リンゴは地球の周囲の時空のゆがみの影響を受けて，地球に引き寄せられる

17

アインシュタインはどんな人？

　アインシュタインは，1879年，ドイツのウルムに生まれました。幼児期のアインシュタインはあまり言葉を話さず，かんしゃくもちだったといいます。友達と遊ぶよりも，ひとり遊びを好んでいたようです。

　1895年，アインシュタインは一度大学受験に失敗します。しかしその翌年に合格し，スイス連邦工科大学に入学しました。大学卒業後は，特許局に勤めました。仕事のかたわらに研究に打ちこみ，1905年に博士号を取得するために，「特殊相対性理論」の論文を発表。しかし，大学に認められず，かわりに微少な粒子の運動（ブラウン運動）についての論文で博士号を取得しました。アインシュタインは1905年には，ほかにも「光量子仮説」という革新的な論文を発表しています。このため1905年は，「奇跡の年」といわれています。

　私生活では，24歳のときに大学の同級生ミレーバ・マリッチと結婚しました。しかし35歳のときに別居。そして40歳のときに離婚し，いとこのエルザと再婚しました。しかし愛人が多く，エルザとの結婚生活も冷めていたようです。

子供のころのアインシュタイン

1. 相対性理論の基本, 光の速さを知る

相対性理論は，光の速さに対する疑問からはじまりました。第1章では，光の速さを追い求めた科学者たちの歴史と，アイシュタインの「光速度不変の原理」を紹介します。

1 光の速さは，秒速約30万キロメートル

光は，月におよそ1.3秒で到着する

部屋の照明のスイッチを入れると，一瞬にして室内は明るくなります。ところが，光はけっして電球がついたのと同時に，部屋のすみずみまで届いているわけではありません。電球から出た光が，時間をかけて部屋の中に広がっているのです。

光は，1秒間におよそ30万キロメートル進みます。つまり，速さ（距離÷時間）は，秒速約30万キロメートル（3億メートル）です。アポロ宇宙船がおよそ3日間かけてたどりついた月（地球から約38万キロメートル）に，およそ1.3秒で到着するほどの猛烈な速さです。

光は音の90万倍近いスピードで進む

光とよく比較されるものに，音があります。空気中を音が伝わる速さは，秒速約340メートルです。私たちは，だれかが言葉を発してから，音が聞こえるまでに時間差を感じることはほとんどありません。秒速約340メートルの音ですら，そうなのですから，音の90万倍近いスピードで進む光が時間をかけて広がっていくようすを，私たちが実感できないのも当然です。

光は圧倒的に速い

さまざまなものが進む速さと光の速さをくらべました。人間の
走る速さや車，音，スペースシャトルなどとくらべて，光は圧
倒的に速いことがわかります。

人
秒速 約10メートル
（光速の3000万分の1）

光はとっても速いイカ。

車
秒速 約100メートル
（光速の300万分の1）

音
秒速 約340メートル
（光速の88万分の1）

超音速飛行機
秒速 約680メートル
（光速の44万分の1）

宇宙空間を進むスペースシャトル
秒速 約7,700メートル
（光速の3万9000分の1）

光
秒速約300,000,000メートル

2 光が速すぎて、ガリレオは計測に失敗した

ランプの光を使って、合図を送りあった

　光の速さは無限大ではなく、ある有限な速度で進んでいると指摘した最初の科学者は、16〜17世紀に活躍したイタリアの物理学者で天文学者のガリレオ・ガリレイ（1564〜1642）だといわれています。

　ガリレオは、はなれた場所に立った二人がランプの光を使って合図を送りあうことで、光の速さが求められると考えました。たとえば、5キロメートルはなれた場所で、二人が光の合図を往復させる（光が10キロメートル進む）のにかかった時間が1秒だとすれば、光の速さは秒速10キロメートルというわけです。

短い時間を正確に計測する技術がなかった

　光速をはかる方法として、この考え方はまちがっていませんでした。しかし、ガリレオはこの方法で光速をはかることができませんでした。5キロメートルの距離を往復する（10キロメートルを進む）のに、光はおよそ10万分の3秒（0.00003秒）しかかかりません。当時、このような短い時間を正確に計測する技術がなかったのです。

ガリレオのアイデア

ガリレオは，光が数キロメートルはなれた２地点を往復する時間をはかれば，光の速さがわかると考えました。考え方はまちがっていませんでした。しかし，短い時間をはかるための精密な技術がなかったので，光速を求めることはできませんでした。

ガリレオ・ガリレイ
（1564 ～ 1642）

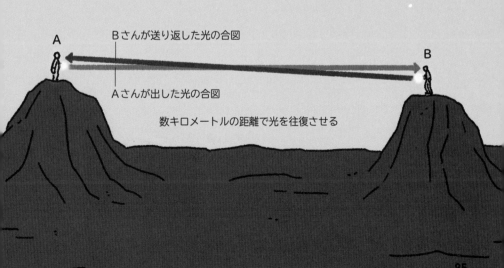

Bさんが送り返した光の合図

A

B

Aさんが出した光の合図

数キロメートルの距離で光を往復させる

3 17世紀に，光の速さが だいたいわかった

木星の衛星が，木星の影にかくれる現象に着目

どうすれば，光の速さをはかることができるのでしょうか？　**デンマークの天文学者のオーレ・レーマー（1644 ～ 1710）は，木星の衛星イオの「食」（イオが木星の影にかくれる現象）がおきる時間間隔が，一定の時間間隔からずれる現象を使い，光速の値を求めることに成功しました。**

地球から見えるイオの食

時刻Ａと時刻Ｂのときに，イオから地球に届く光の経路をえがきました。時刻Ａの位置から時刻Ｂの位置に移動するにつれて，地球とイオの距離が短くなり，イオの食がおきる時間間隔も短くなります。

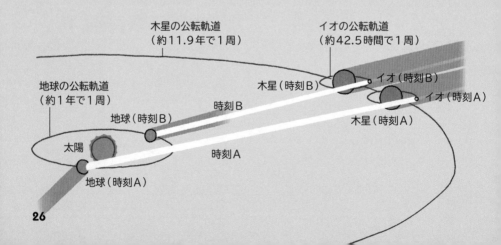

秒速約21.4万キロメートルと計算

　イオは木星の周囲を，約42.5時間で1周しています。イオの食も，約42.5時間間隔でおきると予想できます。ところが地球と木星の位置関係が年月とともに変化するため，イオの食がおきる時間間隔も，約42.5時間間隔からずれていきます。レーマーは観測によって，地球とイオが最短距離にあるときと最長距離にあるときでは，約42.5時間間隔からのずれが22分であることを突き止めました。

　この22分という時間は，地球とイオの最短距離と最長距離の差（地球の公転軌道の直径約3億キロメートル）を，光が進むのにかかる時間です。**レーマーはこの事実に気づき，1676年に光の速さを秒速約21.4万キロメートルと計算しました。**

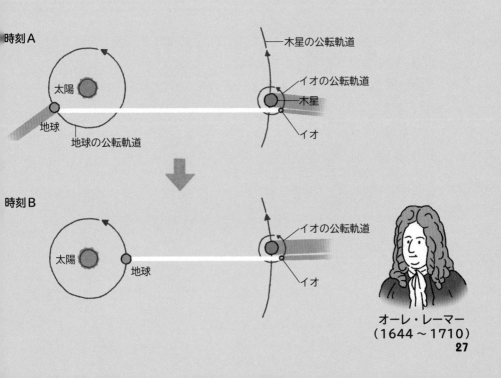

時刻A

木星の公転軌道

太陽

イオの公転軌道

木星

地球

地球の公転軌道

イオ

時刻B

太陽

イオの公転軌道

地球

イオ

オーレ・レーマー
（1644〜1710）

27

19世紀，実験で光の速さが正確にわかった

観測装置と，光を反射する装置をつくった

実験装置を使って光速の値を測定することに世界ではじめて成功したのが，フランスの物理学者のアルマン・フィゾー（1819〜1896）です。フィゾーは，望遠鏡のような観測装置と，光を反射する装置（右のイラスト）をつくり，その間で光を往復させました。その距離は，片道およそ8.6キロメートル（往復17.2キロメートル）でした。

歯車を使い，秒速約31.5キロメートルと測定

フィゾーは，1周に720個の歯がついた歯車を光の通り道に置き，高速で回転させました。すると，歯車の歯は，光をさえぎったり通したりを高速でくりかえします。フィゾーは，1秒間に12.6回転の速さで歯車を回転させると，歯の間を通り抜けて反射してもどってきた光が，1個分進んだ歯によってちょうどさえぎられることを発見しました。歯が1個分進むのにかかる時間は，約0.000055秒（1秒÷12.6回転÷720個÷2）です。つまり，光は，17.2キロメートルの距離を0.000055秒の時間で進むことがわかったのです。こうしてフィゾーは，1849年に，光速の値が秒速約31.3万キロメートルと測定しました。

フィゾーの光速測定方法

フィゾーがつくった光速測定装置は，回転する歯車を通り抜けた光が，反射してもどってきたところを観測する装置です。もどってきた光が，歯車の1個分進んだ歯によってさえぎられるように歯車を回転させ，光速の値を求めました。

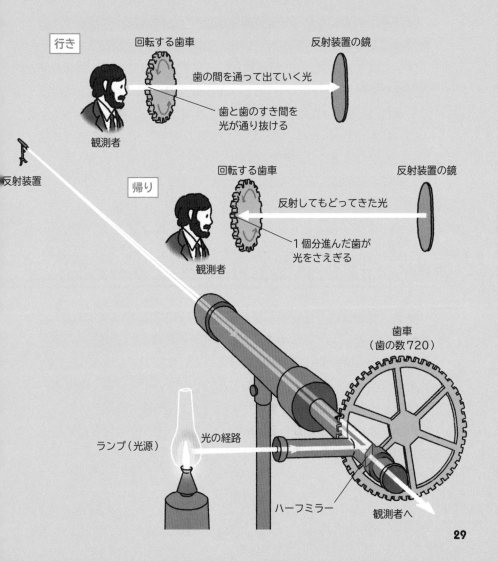

行き

回転する歯車　　　　　　　　　反射装置の鏡

歯の間を通って出ていく光

歯と歯のすき間を
光が通り抜ける

観測者

反射装置

回転する歯車　　　　　　　　反射装置の鏡

帰り　　　　　反射してもどってきた光

1個分進んだ歯が
光をさえぎる

観測者

歯車
（歯の数720）

ランプ（光源）　　光の経路

ハーフミラー

観測者へ

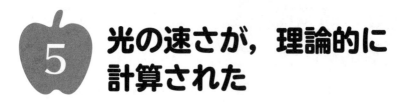

光の速さが，理論的に計算された

電場と磁場の連鎖は，波のように進む

　光の正体を解き明かし，光の速さを理論的に求めた人物が，イギリスの物理学者のジェームズ・マクスウェル（1831 〜 1879）です。

　マクスウェルは，電流と磁気に関する研究を行っていました。電流が向きを変化させながら流れると，周囲の空間には，その電流に巻きつくように「磁場」が生じます。すると今度はその磁場に巻きつくように「電場」が生じます。さらにその電場に巻きつくように磁場が生じ……というように，電場と磁場が連鎖的に生じます。その結果，電場と磁場の連鎖は，波のように進んでいきます。マクスウェルは，この波を「電磁波」と名づけました。

理論的な計算から，秒速約30万キロメートル

　マクスウェルは，電磁波が進む速さを，直接測定するのではなく，理論的な計算によって求めました。すると，その値は秒速約30万キロメートルになりました。不思議なことに，当時明らかになっていた光速の値と一致したのです。このことからマクスウェルは，電磁波と光は同じものだと結論づけました。こうして，光速が有限であることをガリレオが指摘してから2世紀以上の時をへて，光の速さとその正体が明らかになったのです。

電磁波

マクスウェルは，電場と磁場が連鎖して生じた波を「電磁波」と名づけました。電磁波の進む速さを理論的な計算式から求めたところ，秒速約30万キロメートルとなり，光速に一致しました。

光の正体は，電磁波だったのね。

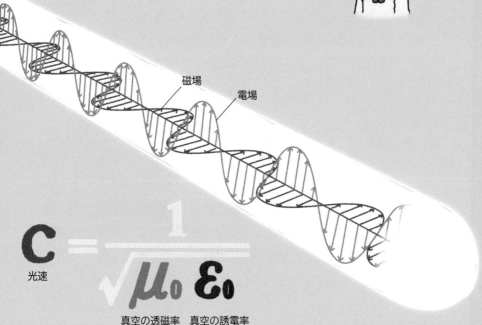

磁場 　電場

$$C = \frac{1}{\sqrt{\mu_0 \varepsilon_0}}$$

光速

真空の透磁率　真空の誘電率

光を放つ生き物たち

生き物の中には，光を放つものたちがいます。夏の風物詩であるホタルは,身近な例といえるでしょう。ホタル以外にも，クラゲにイカ，サメ，果てはキノコや細菌まで，光を放つ生き物は広く存在しています。真っ暗な深海にすむものにかぎると，8割もの生物が発光を利用しているといわれています。

なぜ彼らは光るのでしょうか。その理由はさまざまです。たとえば，ホタルは求愛のために光を利用しています。一方深海にすむチョウチンアンコウは，光を使って，エサとなる小魚を近くにおびきよせています。

光るしくみも生物によってことなります。ホタルの場合は,尻尾の部分でおきる化学反応を利用して，光を生みだしています。海中で神秘的な光を放つホタルイカもほぼ似たしくみです。一方，チョウチンアンコウは，自分で光をつくっているわけではありません。実は,"提灯"の中には，発光細菌がすみついており，その光を利用してるのです。光るしくみや理由は，いまだ多くの生物で解き明かされていません。

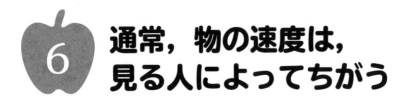

6 通常，物の速度は，見る人によってちがう

地上で静止している人から見ると，時速200キロ

　ここからはさらに，光の速度の性質にせまっていきます。光の話に入る前に，まずは，一般的な物の速度について確認しておきましょう。**ここで重要なのは，同じ物体の運動でも，その速度は見る人（観測者）によってことなるということです。**

　時速100キロで右に進む電車の中で，電車の中の人から見て右に時速100キロでボールを投げる場合を考えてみます（右のイラストa）。**地上で静止している人から見ると，ボールの速度は，電車の速度と足し算されて，右向きに時速200キロになります（100キロ＋100キロ）。**

地上で静止している人から見ると，速度はゼロ

　今度は，電車の中の人から見て左に時速100キロでボールを投げる場合を考えます（b）。地上で静止している人から見たボールの速度は，ゼロ（100キロ－100キロ）になります。**つまり，地上でボールは止まって見えることになります。**なお実際には重力があるので，時間がたつと，ボールは真下に落下するように見えます。このように物体の速度は，見る人によって，ことなってみえるのです。

速度の足し算

電車の中でボールを投げます。地上で静止している人から見ると，ボールの速度は，「電車の速度」と「電車の中の人から見たボールの速度」を足し算したものになります。

a.電車の中で，進行方向にボールを投げる

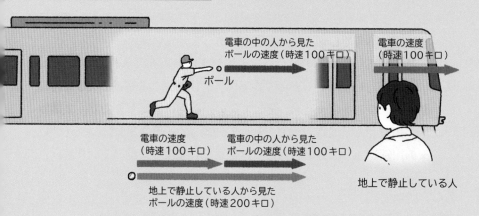

電車の中の人から見た
ボールの速度（時速100キロ）

電車の速度
（時速100キロ）

ボール

電車の速度
（時速100キロ）

電車の中の人から見た
ボールの速度（時速100キロ）

地上で静止している人から見た
ボールの速度（時速200キロ）

地上で静止している人

b.電車の中で，進行方向と逆方向にボールを投げる

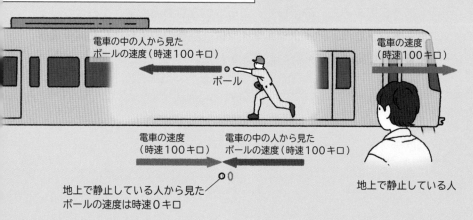

電車の中の人から見た
ボールの速度（時速100キロ）

電車の速度
（時速100キロ）

ボール

電車の速度
（時速100キロ）

電車の中の人から見た
ボールの速度（時速100キロ）

地上で静止している人から見た
ボールの速度は時速0キロ

地上で静止している人

35

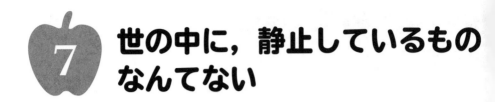

7 世の中に，静止しているもの なんてない

太陽は，天の川銀河を2億年かけて1周している

　前ページでは，地上で静止している人から見たボールの速度を考えました。ではあらゆる物体の速度は，地上で静止している人を基準にすればいいのでしょうか。そうではありません。

　昔は静止した太陽のまわりを地球がまわると考えられていました。（右のイラスト1）。しかし，太陽は天の川銀河の中の約2000億個の恒星の一つにすぎません。そして天の川銀河は回転しており，太陽は天の川銀河を2億年かけて1周しています（イラスト2）。さらには，天の川銀河も，ほかの銀河に引き寄せられるように動いています。

静止した場所を考えることには，意味がない

　こうしてみると，静止しているといいきれる場所など，みつかりそうもありません。アインシュタインは，宇宙の中で静止した場所を考えることには，意味がないと考えました。

地球も太陽も動いている

地球は太陽のまわりをまわっています。その太陽は天の川銀河の中をまわっています。そして天の川銀河も，近くの銀河と引き合うなどして，宇宙空間の中を運動しています。

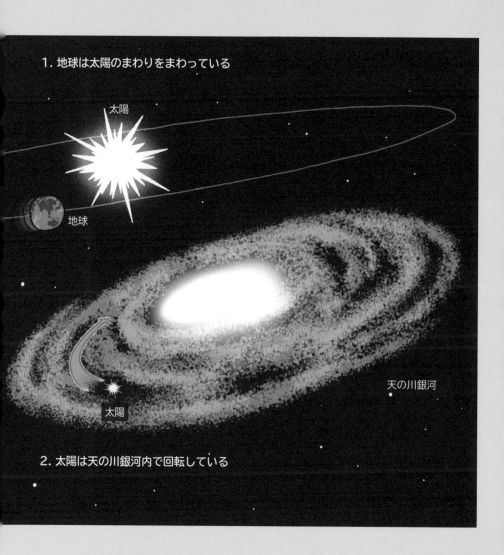

1. 地球は太陽のまわりをまわっている

太陽

地球

天の川銀河

太陽

2. 太陽は天の川銀河内で回転している

8 光を光の速さで追いかけたら，止まって見えるのか

車と同じなら，光も止まってみえるはず

　「光の速さで飛んだら，顔は鏡に映るのだろうか?」。10ページで紹介したアインシュタインの疑問です。

　たとえば時速100キロメートルで走る車を，同じく時速100キロメートルで走る車で横に並んで観察したら，車は自分の車に対して，止まってみえます（時速100キロ－時速100キロ＝時速0キロ）。これを光にもあてはめれば，光も止まってみえるはずです。

電磁気学の理論では，光速はいつも同じ

　ところがアインシュタインには，光が止まってみえるという考えは，簡単には受け入れられませんでした。なぜなら，マクスウェルの電磁気学の理論では，真空中の光の速さは「一定の値（定数）」としてみちびきだされるからです（30ページ）。つまり，ほかの条件によらず，光速はつねに秒速約30万キロメートルだと，電磁気学の理論はいっているのです。アインシュタインが抱いた光に関する疑問は，観測する人が動けば速さは足し算したり引き算したりできるという常識と，光速はつねに秒速約30万キロメートルだとする電磁気学の結論との間にある矛盾に行きあたりました。

光は止まってみえる？

常識的な速度の引き算で考えれば，光と同じ速さで光を追いかけると，光は止まってみえるはずです。しかし，電磁気学の理論によると，光速はつねに秒速約30万キロメートルです。

上まっている人

光速は，秒速約30万キロメートル

**光と同じ秒速約30万キロ
メートルで移動する人**

光速は，秒速０キロメートル？
それとも30万キロメートル？

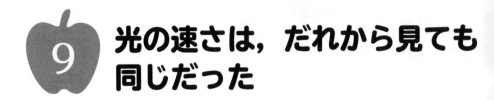

9 光の速さは，だれから見ても同じだった

アインシュタインの結論，「光速度不変の原理」

アインシュタインは，光の速さに関する疑問から，ある結論にたどり着きます。それが，「光速度不変の原理」です。

光速度不変の原理とは，「光源がどんな速さで運動していても，光の速度を計測する人（観測者）がどんな速さで運動していても，真空中での光の速さはかわらない」というものです。**つまり，真空中での光の速さが秒速約30万キロメートルというのは，だれからみてもかわらないのです。**

光速度不変の原理こそ，相対性理論の土台

右のイラストのように，光源と観測者が静止していても（1），光源が観測者に接近していても（2）遠ざかっていても，光源に観測者が接近していても（3），光速の値はかわりません。さらにいえば，光源も観測者も両方動いていたとしても（4），光速の値はかわらないのです。**この光速度不変の原理こそ，相対性理論の土台となる，きわめて重要な原理です。**

光の速度はつねに同じ

イラスト1〜4のように，どんな状況であっても真空中の光の速度は常に同じです。光源が静止していも動いていても，観測者が静止していても動いていてもかわりません。

1. 光源が静止しており，観測者も静止している場合

静止した宇宙船から
光を発射

光

観測される光速の値
299,792.458km/s

宇宙空間で
静止した観測者

2. 光源が動いており，観測者が静止している場合

猛スピードで飛行する
宇宙船から光を発射

光

観測される光速の値
299,792.458km/s

宇宙空間で
静止した観測者

3. 光源が静止しており，観測者が動いている場合

静止した宇宙船から
光を発射

光

観測される光速の値
299,792.458km/s

猛スピードで飛行する
大型宇宙船で光を観測

4. 光源が動いており，観測者も動いている場合

猛スピードで飛行する
宇宙船から光を発射

光

観測される光速の値
299,792.458km/s

猛スピードで飛行する
大型宇宙船で光を観測

光速は，自然界の 最高速度だった

何物も，けっして光速をこえることはできない

光速には，もう一つ非常に重要な意味があります。それは，「光速は自然界の最高速度であり，何物もけっして光速をこえることはできない」ということです。

右のイラストを見てください。宇宙空間で静止しているアリスから見て，光が秒速30万キロメートルで進んでいます。また，宇宙船が光と同じ方向に秒速24万キロメートルで進んでいます。宇宙船の中には，ボブがいます。

光には追いつきようがない

光速度不変の原理から，宇宙船から見た光の速度は，秒速6万キロメートル（秒速30万キロメートルー秒速24万キロメートル）ではなく，やはり秒速30万キロメートルのままです。

宇宙船は，ここからどんなに速度を上げても，光には追いつきようがないのです。これは，光の速度をこえることが不可能であることを意味しています。

光を追いかける宇宙船

イラストは，光を追いかける宇宙船から見た場合の光の速度を表現しています。光の速度には，速度の足し算や引き算はなりたちません。宇宙船がどんな速度で光を追いかけても，光は秒速30万キロメートルで宇宙船から遠ざかります。

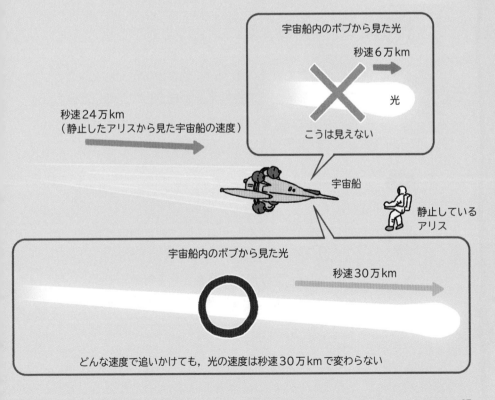

秒速30万km
（静止したアリスから見た光の速度）

光

宇宙船内のボブから見た光

秒速6万km

光

秒速24万km
（静止したアリスから見た宇宙船の速度）

こうは見えない

宇宙船

静止している
アリス

宇宙船内のボブから見た光

秒速30万km

どんな速度で追いかけても，光の速度は秒速30万kmで変わらない

博士！
教えて!!

光の速さは，こえられないの？

‖‖‖‖‖‖‖‖‖‖‖‖‖‖‖‖‖‖‖‖‖‖‖‖‖‖‖‖‖‖‖‖‖

 博士，光速は自然界の最高速度なんですよね。光よりも速く移動するものははないんですよね。

 そうじゃな。光と競争して，光に勝てるものはないんじゃ。じゃが，地球から遠くにある銀河についていうと，光速をこえる速度で地球から遠ざかっておるぞ。

 どういうことですか？

 宇宙にあるたくさんの銀河は，地球からどんどん遠ざかっておるんじゃ。その速度は，地球からの距離に比例しておる。つまり，地球からすごく遠くにある銀河は，光速をこえる速度で遠ざかっているんじゃ。

 えっ，銀河は光速をこえて移動してもいいんですか？

 ちょっとややこしいんじゃが…，これは銀河が移動しているんじゃなくて，空間そのものが膨張しているんじゃ。つまり，銀河が実際に，光速をこえて移動しているわけじゃないんじゃよ。空間が膨張する速度は，光速をこえてもいいんじゃ。

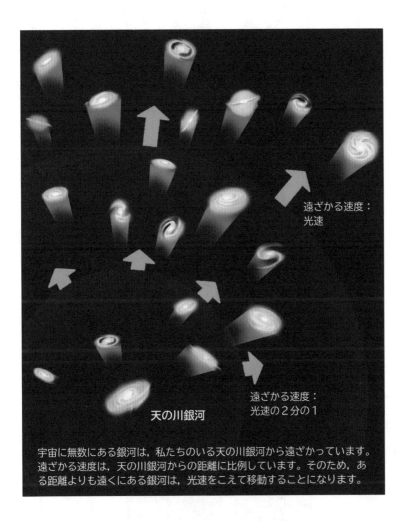

遠ざかる速度：
光速

遠ざかる速度：
光速の２分の１

天の川銀河

宇宙に無数にある銀河は，私たちのいる天の川銀河から遠ざかっています。遠ざかる速度は，天の川銀河からの距離に比例しています。そのため，ある距離よりも遠くにある銀河は，光速をこえて移動することになります。

ひとりを好んだ子ども時代

アルベルト・アインシュタインは1879年3月14日ドイツで生まれた

ほとんど話さなくて心配…

・・・・・・

子どものころのアルベルトはひとりで遊ぶことを好んだ

ピアニストだった母親から音楽の手ほどきを受けた

モーツァルトはすばらしい!

13歳のときにモーツァルトと出会い積極的にバイオリンを練習するようになった

また、叔父から出される数学や科学の問題を解くのを楽しみにしていた

この問題解けるかな?

問題解くの大好き!

中学生になるとプレゼントされたユークリッド幾何学の本に夢中になった

ふむふむ

さらに16歳までに微分積分を独学で学んでしまった

さびしがりやのアルベルト

アルベルトが15歳のとき父親が経営していた会社が倒産してしまった

競争に負けた!

一家は仕事を求めてイタリアのミラノに。だがアルベルトは学校のためにドイツに残った

みんな元気で

勉強がんばって

学校を好まずさびしさにたえられなかった彼はノイローゼのようになり…

さびしい…

学校を中退して家族のもとに。勉強はつづけて1896年にスイス連邦工科大学に入学した

ひとりはいやだよ〜

2. 特殊相対性理論：時間と空間の新理論

第1章の「光速度不変の原理」をもとに導き出されたのが，「時間と空間は，長くなったり短くなったりする」という特殊相対性理論です。時間と空間の考え方を一変した，特殊相対性理論の世界をみていきましょう。

ニュートンが考えた，絶対時間と絶対空間

どんな場所でも一様の速さで流れる「絶対時間」

　アインシュタインは，1905年に特殊相対性理論を発表し，時間と空間に関する従来の常識をくつがえしました。相対性理論以前の「常識」とは，いったいどういうものだったのでしょうか。

　イギリスの天才物理学者のアイザック・ニュートン（1642～1727）は，著書『プリンキピア（自然哲学の数学的諸原理）』の中で，「絶対時間」と「絶対空間」という考えを提唱しました。絶対時間とは，「何ものにも影響されず，あらゆる場所で一様の速さで流れる時間」を意味します。宇宙のどんな場所に時計を持っていっても，時をきざむペース（たとえば1秒の進み方）は同じということです。

どんな場所でも空間の中の長さが同じ「絶対空間」

　一方，絶対空間とは，「何ものにも影響されず，つねに静止している空間」を意味します。宇宙のどんな場所でも，空間の中の長さ（たとえば1メートルの長さ）は同じということです。時間の進み方と空間の中の長さはいつだれにとっても等しいというニュートンの考え方は，従来の物理学の一般的な「常識」でした。

絶対時間と絶対空間

空間のさまざまな場所に配置された時計は，絶対時間をあらわ
しています。だれにとっても時間の流れ方は同じです。ゆがみ
のない整然とした升目は，絶対空間をあらわしています。

アイザック・ニュートン
（1642 ～ 1727）

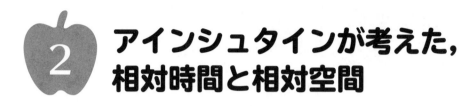

2 アインシュタインが考えた, 相対時間と相対空間

だれにとっても等しいものは「光速」

　ニュートンの考えた「ニュートン力学」とよばれる理論では, 時間の進み方と空間の中の長さは, だれにとっても等しい絶対的なものでした。この考え方は200年以上にわたって信じられてきました。

　一方, アインシュタインが発表した特殊相対性理論では, だれにとっても等しい絶対的なものは「光速」であり, 時間の進み方と空間の中の長さは相対的なものだと説明します。

時間と空間は, 長くなったり短くなったりする

　相対的とは, だれか(何か)と比較することではじめて決まるということです。つまり, 時間の進み方と空間の中の長さは, くらべる人や物に応じて, 長くなったり短くなったりするというのです！

相対時間と相対空間

空間のさまざまな場所に配置され，それぞれがことなる時刻を示す時計は，「相対時間」をあらわします。ゆがんだ格子は，場所によって長さがことなる，「相対空間」をあらわします。

アルバート・アインシュタイン
（1879 ～ 1955）

53

時間と空間は，長くなったり短くなったりする

従来の考えだと，光速度不変の原理と矛盾する

　特殊相対性理論は，時間と空間が長くなったり，短くなったりすると考える理論です。**その理論の要は，光速度不変の原理です。**

　右のイラストを見てください。秒速10万キロメートルで進む宇宙船の先端から光を発射します。宇宙船の中にいるボブから見ると，1秒後には，光は宇宙船の先端から約30万キロメートル先まで進んでいます。これを宇宙空間で静止したアリスから見ると，宇宙船は1秒間に10万キロメートル進んでいるため，光は約40万キロメートル（約30万＋10万）進んだことになりそうです。しかしこれでは，アリスにとって，光速が秒速約40万キロメートルとなります。光速度不変の原理と矛盾してしまいます。

距離と時間を増減させるしかない

　速度は，「進んだ距離」÷「要した時間」で計算できます。そのため，宇宙空間で静止したアリスから見ても，光速が秒速約30万キロメートルになるには，光の「進んだ距離」と「要した時間」を増減させてつじつまを合わせるしかありません。**つまり時間や距離が見る人の立場によって長くなったり短くなったりしないかぎり，光速はだれから見ても同じにはならないのです。**

宇宙船から光を発射した場合

秒速10万キロメートルで進む宇宙船の先端から，光を発射し
ました。宇宙船の中のボブと宇宙空間で静止したアリス，その
どちらから見ても光が同じ速度になるには，見る人の立場で時
間と空間が長くなったり短くなったりする必要があります。

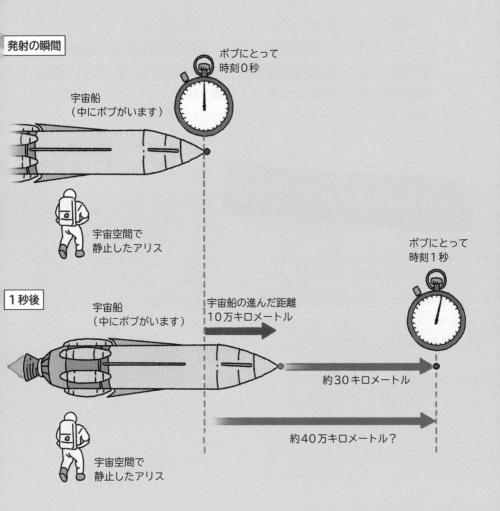

発射の瞬間

ボブにとって
時刻0秒

宇宙船
（中にボブがいます）

宇宙空間で
静止したアリス

ボブにとって
時刻1秒

1秒後

宇宙船
（中にボブがいます）

宇宙船の進んだ距離
10万キロメートル

約30キロメートル

約40万キロメートル？

宇宙空間で
静止したアリス

高速で動く人は，時間が遅れ，空間が短くなる

時計の進み方が遅く見え，長さが縮んで見える

　「時間と空間が，長くなったり短くなったりする」とは，どういうことでしょうか？ **特殊相対性理論によると，観測者から見た運動速度が速いほど，運動する時計の進み方は遅くなり，運動する物体の長さは進行方向に短くなります。**宇宙空間で静止したアリスから見れば，運動している宇宙船の中にいるボブの時計の進み方は遅く見え，宇宙

アリスから見たボブ

宇宙空間で静止しているアリスから見て，運動している宇宙船の中にいるボブの時計と宇宙船の長さが，どのように見えるかをあらわしました。宇宙船の速度が光速の60％の場合，光速の99％の場合，光速の99.9％の場合です。

1. 宇宙船の速度が光速の60％の場合

ボブの時計 → 8秒しか経っていない

宇宙船の速度（光速の60％）
光速
宇宙船の長さは0.8倍に縮む

アリス

アリスの時計 → 10秒経過

船の長さは縮んで見えるということです。

　ただし，時間の遅れや物体の縮みが目に見えてあらわれるのは，秒速数万キロメートル以上といった速さのときです。日常生活で経験するような速度では，小さすぎて気づけません。

光速の99%で進む宇宙船は，0.14倍に見える

　仮に，光速の99%で進む宇宙船を考えてみましょう。**宇宙空間に静止したアリスの時計が10秒進んだとき，アリスから見ると，宇宙船の中のボブの時計は1.4秒しか進んでいません。**宇宙船の中での時間の進み方が遅くなるためです。また，アリスから見ると，宇宙船の長さは，静止していたときの長さの0.14倍に縮んでしまいます。

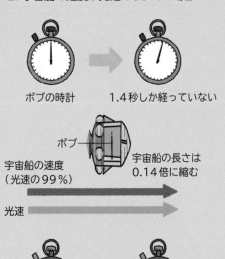

2. 宇宙船の速度が光速の99%の場合

ボブの時計　→　1.4秒しか経っていない

ボブ

宇宙船の速度
（光速の99%）

宇宙船の長さは
0.14倍に縮む

光速

アリスの時計　→　10秒経過

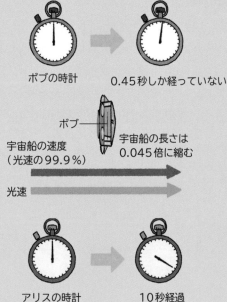

3. 宇宙船の速度が光速の99.9%の場合

ボブの時計　→　0.45秒しか経っていない

ボブ

宇宙船の速度
（光速の99.9%）

宇宙船の長さは
0.045倍に縮む

光速

アリスの時計　→　10秒経過

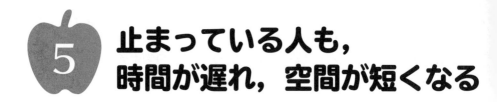

5 止まっている人も，時間が遅れ，空間が短くなる

ボブから見ると，動いているのはアリス

　前のページの状況を，今度は宇宙船の中にいるボブの立場で考えてみましょう。34ページでも見たように，物体の速度は，見る立場によってかわります。宇宙船の中のボブから見ると，動いているのは宇宙空間にいるアリスの方であり，静止しているのは自分と宇宙船の方なのです。そのため，ボブにとってみれば，時間の流れも，身のまわりの物体の長さもふだんと何一つかわりません。

時間の遅れと長さの縮みは，おたがいさま

　ボブから見ると，動いているのは，アリスの方です。ボブから見れば，アリスのストップウォッチの進み方が遅く見え，アリスの体が横方向に縮んで見えます。
　時間の遅れと長さの縮みは，見る立場によってことなる，つまりおたがいさま（相対的）なのです。

ボブから見たアリス

宇宙船の中にいるボブから見て，宇宙空間にいるアリスの時計と体が，どのように見えるかをあらわしました。宇宙船の速度が，光速の99％の場合です。

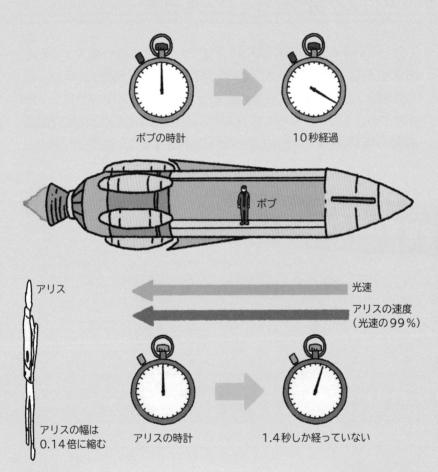

ボブの時計

10秒経過

ボブ

アリス

光速

アリスの速度
（光速の99％）

アリスの幅は
0.14倍に縮む

アリスの時計

1.4秒しか経っていない

ボブにとっては，宇宙船の中の時間と空間は，ふだん通りなんだイカ。

59

6 空間が短くなることを利用すれば，どんな遠くにも行ける

アンドロメダ銀河に行くことも可能

　私たちが住む天の川銀河から，となりのアンドロメダ銀河までの距離は約230万光年です。つまり光速で230万年もかかります。人間の寿命は100年程度ですから，生涯のうちにアンドロメダ銀河まで到達するのは不可能に思えます。しかし，相対性理論にもとづく空間の縮みを利用すれば，アンドロメダ銀河に到達することも可能です。

宇宙船の到達距離

　　宇宙船が光速に近い速度で進むと，宇宙船の中の人から見て，
　　まわりの空間が縮みます。その結果，宇宙船の中の人にとって
　　短い時間で，はるか遠くの銀河に到達することが可能です。

地球から見た 宇宙船の速さ	宇宙船から見た 空間の縮み	宇宙船が100年で 到達可能な距離 （地球から見た場合の距離）
光速の99%	元の長さの0.14倍	約700光年
光速の99.9%	元の長さの0.045倍	約2200光年
光速の99.99%	元の長さの0.014倍	約7100光年
光速の99.999999%	元の長さの0.00014倍	約71万光年
光速の99.9999999999%	元の長さの0.0000014倍	約7100万光年

原理的には，どんな遠くにも行ける

　光速に近い速度で進む宇宙船がもしあれば，宇宙船の中の人にとっては外の空間が縮むので，アンドロメダ銀河までの230万光年という距離も縮みます。宇宙船が十分に速ければ，両者の距離が100光年未満に縮むこともありえます。生涯の間にアンドロメダ銀河に到達することも，原理的には不可能ではないのです。

　それどころか，光速に限りなく近づくことができれば，原理的にはいくらでも遠くに到達することが可能です。 光速に近い速度で進める宇宙船の製造は，非現実的です。しかし，少なくとも原理的には，どんな遠くまでも到達できるという事実は，おどろくべきことではないでしょうか。

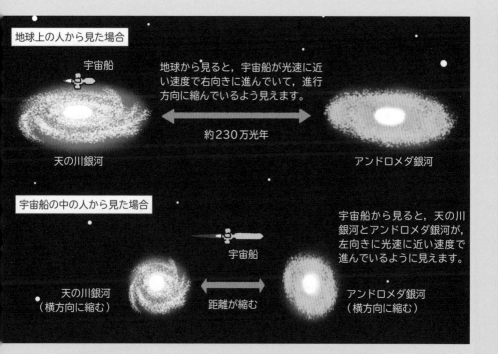

地球上の人から見た場合

宇宙船

地球から見ると，宇宙船が光速に近い速度で右向きに進んでいて，進行方向に縮んでいるよう見えます。

約230万光年

天の川銀河

アンドロメダ銀河

宇宙船の中の人から見た場合

宇宙船

宇宙船から見ると，天の川銀河とアンドロメダ銀河が，左向きに光速に近い速度で進んでいるように見えます。

天の川銀河
（横方向に縮む）

距離が縮む

アンドロメダ銀河
（横方向に縮む）

チーターの速さの秘密

地上最速の動物チーター。**その速度は，時速110キロメートルにも達します。** 100メートル走のオリンピック選手の最高速度は，時速45キロメートルほどですから，チーターはその2倍以上も速い計算です。チーターにねらわれたら，走って逃げるのはむずかしそうです。

チーターの強みは，単なる速さだけではありません。**加速の速さもピカイチです。** 止まった状態から，わずか3秒ほどで時速100キロメートルまで加速できます。これは，スポーツカーにも匹敵します。また，急速な方向転換や急減速もお手のものです。

チーターは長い4本の脚にくわえて，やわらかい背骨をもっています。走るときには，背骨を曲げた状態から，一気に背骨をのばすことで，全身をバネのように使います。こうすることで，走るための大きな力を生みだしているのです。走っているときの歩幅は，およそ7メートルにもなります。

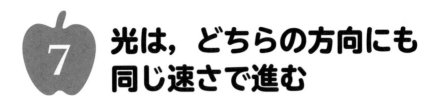

光は，どちらの方向にも同じ速さで進む

特殊相対性理論は，「同時」の常識もくつがえした

　ここまで，アインシュタインの特殊相対性理論によって説明される，時間と空間が長くなったり短くなったりすることについて紹介してきました。しかし，くつがえされた常識は，これだけではありません。特殊相対性理論は，「同時」についての常識も，くつがえしたのです。

光は同時に左右の検出器に到達する

　右のイラストを見てください。光速に近い速度で右向きに進む宇宙船内の中央に光源があり，その左右の等距離の位置に光の検出器があります。宇宙船内の中央にある光源から同時に左右に向かって光が放たれました。光速は方向に関係なく，だれから見ても一定ですから，宇宙船の中のボブからすれば，左右の光は同時に左右の検出器に到達するはずです。

　では，光源から出た光を，宇宙船の外で静止しているアリスから見たら，どのように見えるでしょうか。次のページで考えてみましょう。

宇宙船の中で見た光の進み方

宇宙船の中央にいるボブの位置から, 光が左右に放たれました。
このとき, 放たれた光はそれぞれ, 左右にある検出器に同時に
たどりつきます。

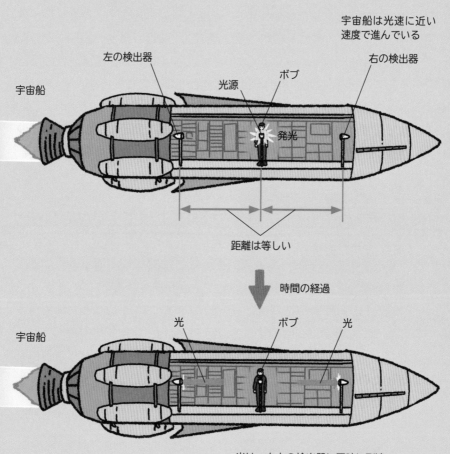

宇宙船は光速に近い
速度で進んでいる

左の検出器

光源　ボブ　右の検出器

宇宙船

発光

距離は等しい

時間の経過

光　ボブ　光

宇宙船

光は, 左右の検出器に同時に到達

8 動く人の同時は，止まっている人の同時ではない

アリスから見ると，光は左の検出器に先に到達する

　光速度不変の原理を考えると，宇宙空間で静止しているアリスから見ても，光は左右に一定の速度で進むことになります。アリスから見れば，宇宙船は右向きに進んでいるので，右側の検出器は光から逃げるように進み，左側の検出器は光に向かうように進みます。その結果，光は左の検出器に先に到達し，右の検出器には遅れて到達することになります。つまり，宇宙船の中のボブから見て同時だった二つの光の到達が，宇宙船の外のアリスから見ると，同時にはならないのです。

何が同時なのかは，見る立場によってことなる

　何が同時なのかは，見る立場によって（運動速度によって），ことなります。これを，「同時の相対性」といいます。
　ただし，同じ場所で同時におきた二つのできごとは，どんな観測者にとっても確実に同時です。上の例でいえば，宇宙船の中のボブから見て，一つの光源（同じ場所）から左方向に光が出たのと右方向に光が出たのが同時であれば，宇宙船の外のアリスから見ても左方向に光が出たのと右方向に光が出たのは同時です。

宇宙船の外で見た光の進み方

宇宙船の外にいるアリスから見ると，宇宙船は右に進んでいるので，光は左右の検出器に同時には到着しません。

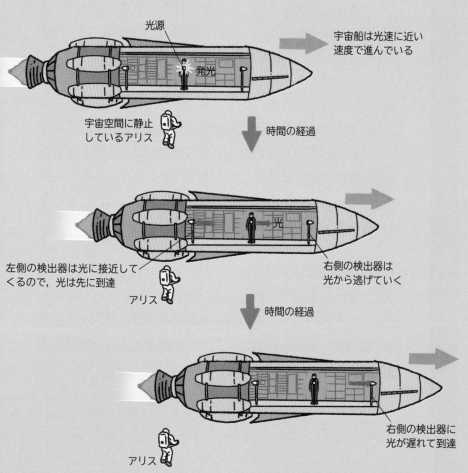

光源

宇宙船は光速に近い
速度で進んでいる

宇宙空間に静止
しているアリス

時間の経過

左側の検出器は光に接近して
くるので，光は先に到達

アリス

右側の検出器は
光から逃げていく

時間の経過

右側の検出器に
光が遅れて到達

アリス

光は，左右の検出器に「同時」に到達しない

新幹線の中の，時間は短い？

特殊相対性理論によると，高速で移動するほど，時間が遅れ，空間が縮みます。それでは，高速で走る新幹線の中でも，時間が遅れたり，空間が縮んだりするのでしょうか。

新幹線の速度を時速200キロメートルとします。この速度を元に計算を行うと，新幹線の中にいる人の時計は，駅のホームで静止している人の時計にくらべて，1秒あたり100兆分の2秒ほど遅れます。また，時速200キロメートルで走行している新幹線の長さは，駅のホームに停車している新幹線にくらべて，100兆分の2ほど縮みます。

新幹線の速度は，光の速さ（秒速30万キロメートル）にくらべてずっと小さいため，時間の遅れや，空間のちぢみはあまりにも小さいです。駅のホームにいる人が，通過する新幹線が縮んでいることに気づくことは，残念ながらできないようです。

高速で移動する物体の質量は大きくなる

エネルギーをあたえても，電子は光速にならない

　ここからは，特殊相対性理論から導かれる，物体の質量の性質についてみていきます。

　止まった電子にエネルギー E をあたえて，光速の86.6％まで加速したとします（イラスト1）。特殊相対性理論の計算によると，さらに同じエネルギー E を加えても，光速の7.7％分しか加速できません（2）。さらにエネルギー E をあたえていっても加速量は光速の2.5％（3），1.2％と減りつづけ，電子は光速に到達できません。加速に使われなかったエネルギーは，どこに消えたのでしょうか。

電子の質量がふえて，力の効果を打ち消している

　加速する量は，加える力が大きいほど大きく，質量が大きいほど小さくなります。上の例で，エネルギーをつぎこむことは，電子に力を加えつづけることに相当します。力を加えているのにたいして加速しないのは，電子の質量がふえて，力の効果を打ち消しているからです。特殊相対性理論によると，物体は光速に近づくほど加速しにくくなる，すなわち質量がふえます。光速に近づけば近づくほど，質量は無限大へとふえていくのです。

電子を加速する実験

静止した電子にエネルギーをあたえて，加速させます。あたえるエネルギーを2倍，3倍にしても，速度は2倍，3倍になりません。光速に近づくにつれて，質量が大きくなるためです。

1. 静止した電子にエネルギーEをあたえる

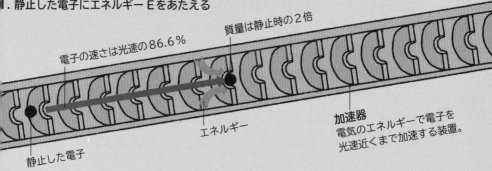

質量は静止時の2倍

電子の速さは光速の86.6％

エネルギー

加速器
電気のエネルギーで電子を
光速近くまで加速する装置。

静止した電子

2. 総投入エネルギー 2E

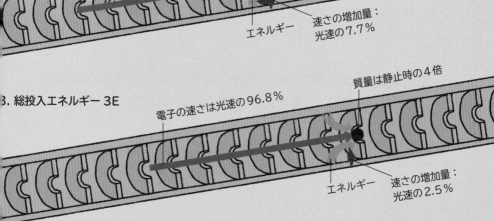

質量は静止時の3倍

電子の速さは光速の94.3％

エネルギー

速さの増加量：
光速の7.7％

3. 総投入エネルギー 3E

質量は静止時の4倍

電子の速さは光速の96.8％

エネルギー

速さの増加量：
光速の2.5％

10

質量は，ものの動きにくさをあらわしている

物体の質量は，どこでもかわらない

　前のページでは，物体を光速近くまで加速すると，質量がふえることを見ました。ここでは，そもそも質量とは何なのか考えてみます。

　質量と重さ（重量）は，実はちがうものです。物体の重さは重力が弱い月に行けば約6分の1になりますし，軌道上の宇宙ステーションの中ならゼロになります。一方質量は，物体をどこに持っていこうがかわりません。質量とは，物体の動かしにくさの度合いといえます。

質量の大きい鉛の球は，動かしづらい

　右のイラストを見てください。ビリヤード台の上に，質量の大きな鉛の球がまぎれこんでいたとします。多くの球の中から，球を持ち上げることなく鉛の球をみつけるには，どうすればよいでしょうか。

　鉛の球を見つけるには，手球をすべての球に順番にぶつけて，一つ一つの球の動きを観察すればよいでしょう。手球をぶつけると，質量が小さいビリヤードの球は，勢いよくはじけ飛びます（A）。一方，質量の大きい鉛の球は，手球がぶつかっても大きくは動きません（B）。このように，質量が大きい物体ほど動かしづらいのです。

ビリヤードの球と鉛の球

ビリヤードで，手球を普通のビリヤードの球にぶつけたとき（Ａ）と，手球を鉛の球にぶつけたとき（Ｂ）のようすです。鉛の球は，質量が大きいため，大きくは動きません。

A. 手球を普通のビリヤードの球にぶつけたとき

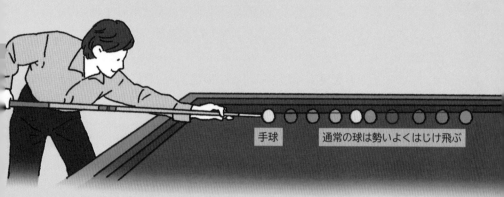

手球

通常の球は勢いよくはじけ飛ぶ

B. 手球を鉛の球にぶつけたとき

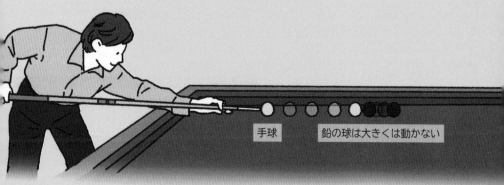

手球

鉛の球は大きくは動かない

11

質量はエネルギーに、エネルギーは質量に変化する

速さではなく質量の形でエネルギーをためこむ

　70ページでみたように，光速に近い物体にエネルギーを加えると，大して加速しないかわりに，質量がふえます。特殊相対性理論によると，このとき物体にあたえたエネルギーは，質量にかわったのだといいます。

　下のイラストを見てください。二つの電子A，Bにエネルギーをあ

電子を壁にぶつける実験

電子Aと電子Bにエネルギーをあたえて，それぞれ光速の99%と99.9%まで加速しました。速度はあまりかわらないものの，両者を壁にぶつけると，衝撃のエネルギーには大きな差が出ます。電子Bには，電子Aよりも多くのエネルギーが，質量としてたくわえられていたのです。

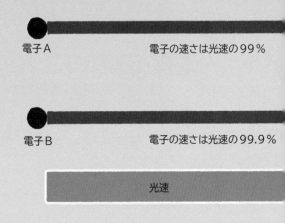

電子A　　　　　電子の速さは光速の99%

電子B　　　　　電子の速さは光速の99.9%

光速

たえて，電子Aは光速の99％まで，電子Bは光速の99.9％まで加速させました。二つの電子を壁にぶつけると，電子Bの衝撃のエネルギーは電子Aの約3.5倍になります。**つまり，電子Bは速さではなく質量として，電子Aよりも多くのエネルギーをためこんでいたのです。**

ウランの質量の減少分が電気エネルギーとなる

　上の例とは逆の例もあります。原子力発電所でおきている，ウランの核分裂反応です。この反応の前後では，ごくわずかに質量が減少します。この質量の減少分が，電気エネルギーに変換されているのです。
　このように，エネルギーは質量に，質量はエネルギーに変化できます。**つまり，「質量とエネルギーは同じもの」といえるのです。**

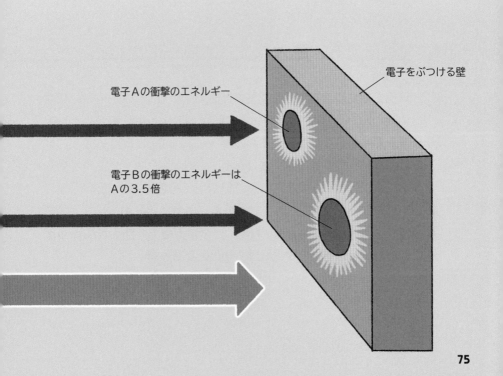

電子をぶつける壁

電子Aの衝撃のエネルギー

電子Bの衝撃のエネルギーはAの3.5倍

12 質量とエネルギーを結びつける「$E=mc^2$」

光速の2乗は，エネルギーと質量をつなぐかけ橋

　前のページでは，「質量とエネルギーは同じもの」ということをみました。この関係を数式であらわしたのが，特殊相対性理論の有名な公式「$E=mc^2$」（Eはエネルギー，mは質量，cは光速）です。

　エネルギーと質量は，長い科学の歴史の中で，別々のものとしてあつかわれてきました。「$E=mc^2$」の公式の中のc^2は，歴史的に別々にあつかわれてきたエネルギーEと質量mの両者をつなぐ，かけ橋の役割を果たしているのです。

小さな質量でも，膨大なエネルギーにかわる

　計算例を紹介しましょう。原子力発電で，ウランの核分裂反応によって10グラム（0.01キログラム）の質量がエネルギーにかわったとします。$E=mc^2$ですから，エネルギーEは0.01×30万×1000×30万×1000※で計算でき，エネルギーEは900兆ジュールとなります。これは，クフ王のピラミッド1杯分（約260万立方メートル）の20℃の水を，100℃にするエネルギーにおおよそ相当します。このように，$E=mc^2$におけるc^2は，小さな質量でも膨大なエネルギーにかわれるということを意味する数ともいえます。

※：ここでは長さの単位をメートルで統一しなければなりません。光速は秒速30万キロメートルです。ここでは単位をメートルに直すために1000をかける必要があります。計算式の中の30万×1000の部分が光速cです。

静止物もエネルギーがある

$E = mc^2$ は，静止している物体がもつエネルギーをあらわした
ものといえます。物体は運動をしていなくても，質量をもつだ
けでエネルギーを秘めていることが明らかになったのです。

$$E = mc^2$$

エネルギー　　　　　　質量　　光速

13 宇宙は，$E=mc^2$で はじまった

宇宙がはじまったとき，物質はなかった

　「$E=mc^2$」は，エネルギーから質量への変換が可能であることを物語っています。そして，エネルギーから質量への変換こそが，宇宙の最初の事件だったかもしれないといいます。

　宇宙がはじまったとき，そこには物質とよべるものは何もありませんでした。宇宙はただの真空であり，そこを正体不明のエネルギーが満たしていたといいます。このエネルギーは，宇宙そのものを急激な速度で膨張させました。この急膨張は，「インフレーション」とよばれるものです。

宇宙を急膨張させていたエネルギーが，質量に変化

　ところがインフレーションは，突然終わりをつげました。そして宇宙を急激に膨張させていたエネルギーが，$E=mc^2$によって，質量へと姿をかえました。こうして，宇宙に物質が生まれたのです。これがビッグバンです。

　ビッグバンによって生まれた物質は，その後138億年の宇宙の歴史を経て，現在の地球や私たちの体となりました。アインシュタインの関係式は，私たちがどこからきたのかをも，説明しようとしているのです。

物質の誕生と $E=mc^2$

宇宙のごく初期には物質が存在せず，エネルギーだけが宇宙を満たしていた時代があったといいます。あるとき，$E=mc^2$によってエネルギーから質量をもつ粒子（物質）が生まれました。宇宙の温度が冷えるにつれ，粒子は徐々に集まり，原子などの構造がつくられたと考えられています。

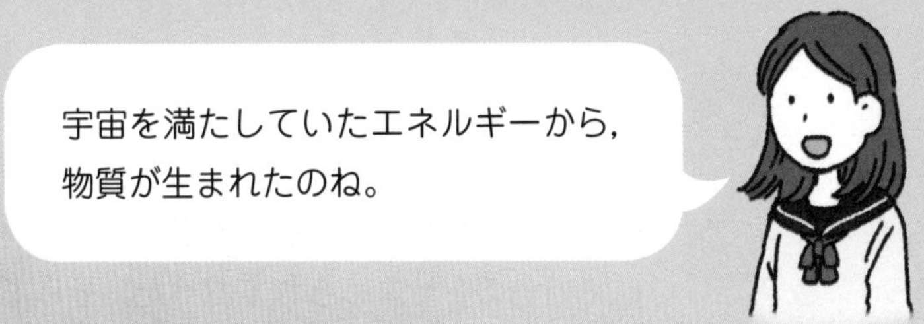

宇宙を満たしていたエネルギーから，物質が生まれたのね。

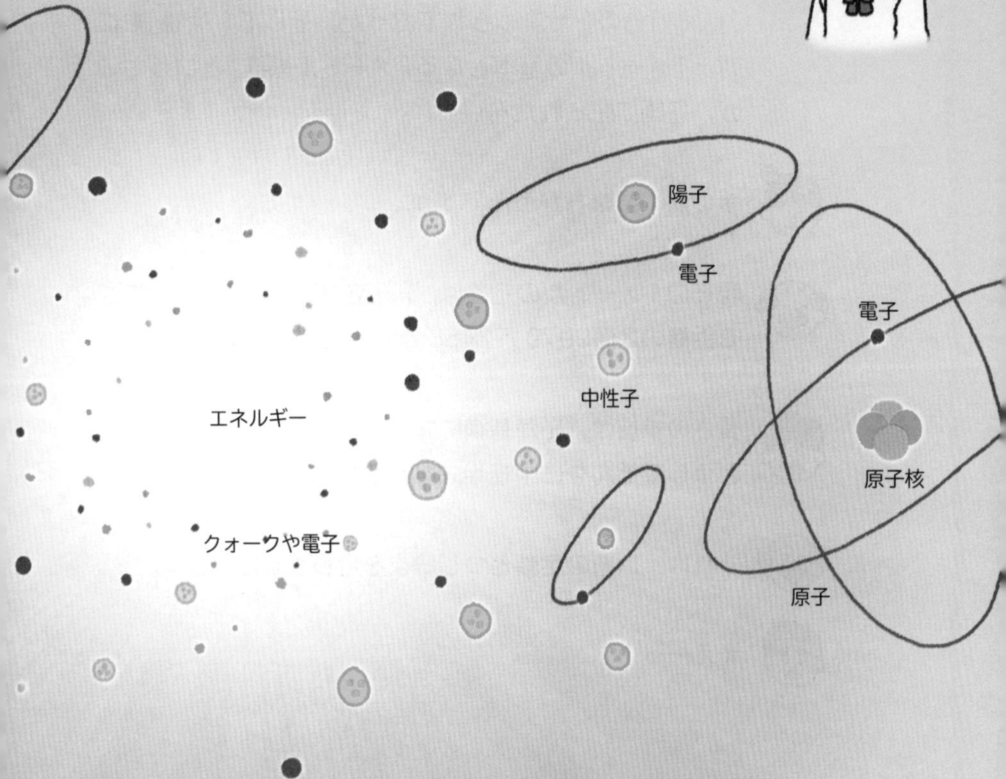

陽子

電子

電子

エネルギー

中性子

原子核

クォークや電子

原子

博士！
教えて!!

1メートルの決め方

 長さの単位は，メートルじゃな。1メートルの長さがどうやって決まっているか，知っとるかね。

 ええっ，考えたこともなかったです。

 かつては，地球の北極から赤道までの子午線の長さの1000万分の1と決められておった。そして17世紀末には，1メートルの基準となる「メートル原器」というものが，各国に配られたんじゃ

 今の決め方はちがうんですか。

 現在の1メートルの定義は，「真空中で，光が1秒間に進む距離の2億9979万2458分の1」となっておる。

 長さの単位は，光が基準になっているんですね！　でも，どうしてそんなに中途半端な数字なんですか。

 それは，以前の定義とつじつまを合わせるためじゃ。

 ええーっ！

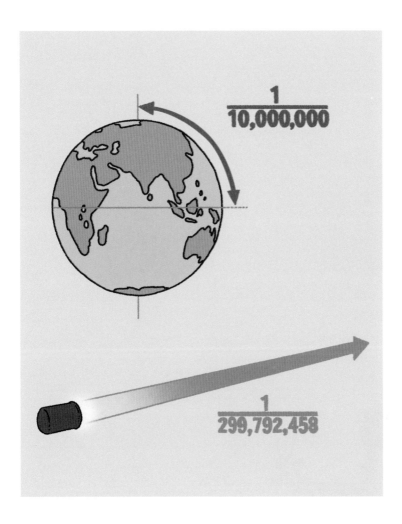

3. 一般相対性理論：重力の新理論

特殊相対性理論の発表から10年後，アインシュタインは理論を進化させた「一般相対性理論」を完成させました。一般相対性理論は，重力の正体にせまる新理論です。第3章では，一般相対性理論について紹介します。

ニュートンが考えた、万有引力

万物は、質量と距離に応じた万有引力で引き合う

アインシュタイン以前、重力は、アイザック・ニュートンの万有引力の法則によって説明されてきました。**この法則は、「すべての物体は、その質量と距離に応じた大きさの万有引力で引き合う」というものです。**リンゴが地面に落ちるのは、地球がリンゴを万有引力でひっぱっているからというのです。しかしニュートンは、なぜ万有引力が生じるかは説明しませんでした。

万有引力の法則は、特殊相対性理論と矛盾

万有引力は、距離がはなれていても瞬時にはたらく（伝わる速度が無限大ではたらく）と考えられていました。**これは、特殊相対性理論にもとづく「光の速度は有限で、光速よりも速く進むものはない」という考えに矛盾します。**またそのほかにも、万有引力の法則による計算結果と観測結果に微妙な食いちがいがあらわれるなど、万有引力の法則にはほころびが見えはじめていました。

そこでアインシュタインは、特殊相対性理論を発展させて、重力の理論を完成させたいと考えました。こうして特殊相対性理論から10年後、「一般相対性理論」が完成したのです。

万有引力の法則

ニュートンは，質量をもつものは，すべて万有引力で引き合う
と考えました。そして，はなれていても，万有引力は瞬時には
たらく（速度が無限大で伝わる）とされました。

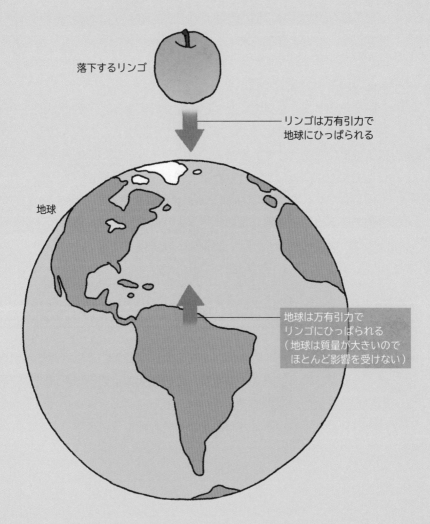

落下するリンゴ

リンゴは万有引力で
地球にひっぱられる

地球

地球は万有引力で
リンゴにひっぱられる
（地球は質量が大きいので
　ほとんど影響を受けない）

アインシュタインは，重力を 時間と空間のゆがみと考えた

ゆがんだ時空は，"鉛玉を置いたゴムのシート"

　一般相対性理論は，重力の正体を「時空のゆがみ」だと説明します。 時空とは，時間と空間をあわせて指す，物理学の言葉です。重力源を中心に，まるでくぼみに物が落ちて行くように，重力源に引き寄せられるというのです。

　右のイラスト1を見てください。二つの天体は，それぞれ周囲の時空をゆがめています。ゆがんだ時空は，鉛球をおいたゴムのシートのようなものといえます。本物のゴムのシートに二つの鉛球を少しはなしておくと，ゴムのシートがのびて曲がり，鉛球は近づくでしょう。

　同じように，重力とは，時空のゆがみが引きおこす現象なのです。時空のゆがみは，質量が大きいほど大きくなります。質量が時空をゆがませ，時空のゆがみが重力を引きおこすのです。

惑星は，時空のゆがみの影響で，公転している

　イラスト2を見てください。太陽の大きな質量により周囲の時空がゆがんでいます。**太陽系の惑星は，この時空のゆがみの影響で，太陽のまわりを公転するのです。** これは，すり鉢状のくぼみにビー玉を投げ入れたときに，ビー玉が斜面をまわるのに似ています。

一般相対性理論による重力

アインシュタインは，時空のゆがみが重力を引きおこすと考えました。太陽系の惑星の公転も，時空のゆがみの影響だといいます。ニュートンの万有引力の法則とは，ことなるのです。

1. 質量をもつ天体の近くでゆがむ時空

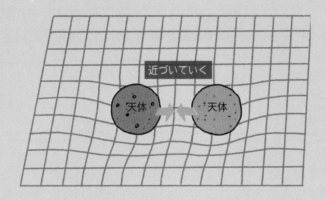

2. 太陽がつくる時空のゆがみの影響を受けて公転する地球

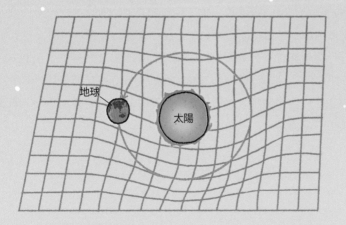

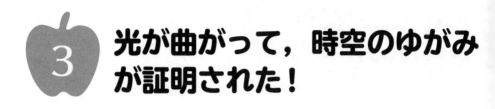

光が曲がって，時空のゆがみが証明された！

時空のゆがみを実証することは可能

　一般相対性理論によると，私たちの住む時空も，質量の大きい物体のそばほど大きくゆがんでしまうといいます。時空のゆがみを実感することはできませんし，正確に絵にすることもできません。**しかし光を利用すれば，時空のゆがみを実験や観測によって実証することは可能です。**

時空のゆがみに沿って，光の進路が曲がる

　時空がゆがんでいなければ，星からの光は，地球に向かってまっすぐ届きます（右のイラスト1）。では，星からの光の経路の間に太陽が割りこんできたらどうなるでしょうか。**太陽のそばの時空はわずかにゆがんでいるので，そのゆがみに沿って光の進路も曲がってしまうのです（2）。**私たちは，光はまっすぐやってきているはずと判断しますから，天体のみかけの位置がずれてしまいます。実際，このような天体のみかけの位置のずれが，1919年にイギリスのアーサー・エディントン（1882〜1944）ひきいる観測隊によって確かめられ，一般相対性理論の正しさが実証されました。位置のずれの大きさは，一般相対性理論の予測の通りだったのです。

太陽のそばで曲がる光

時空がゆがんでいなければ光はまっすぐ届きます（1）。太陽の質量の影響で時空がゆがむと，光はゆがみにそって，曲がって進みます（2）。

1. ゆがんでいない時空なら，星からの光はまっすぐ届きます

2. 途中で時空がゆがんでいると，星のみかけの位置がずれてしまいます

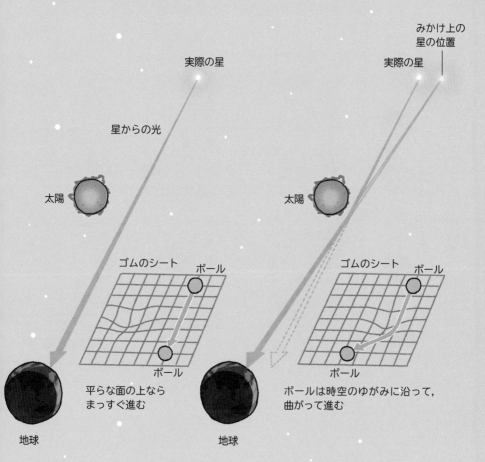

みかけ上の
星の位置

実際の星

実際の星

星からの光

太陽

太陽

ゴムのシート　ボール

ゴムのシート　ボール

ボール

ボール

平らな面の上なら
まっすぐ進む

ボールは時空のゆがみに沿って，
曲がって進む

地球

地球

人も時空をゆがめているの？

 博士，一般相対性理論によると，質量をもつすべての物体のまわりの時空は，ゆがむんですよね？　僕のまわりでも，時空はゆがんでいるんですか？

 うむ。ゆがんでおるぞ。ほれ，体のまわりで，光が曲がって進んでおるのがわからんかね。

 えっ!?　全然わかりません。

 ふぉっふぉっふぉっ。冗談じゃ。太陽ほどの質量をもつ天体のそばですら，光の曲がりは1度の3600分の1程度とわずかなんじゃ。

 じゃあ，僕の質量がつくる時空のゆがみなんて，小さすぎて日常生活じゃわかりませんね。

 うむ。わしらのまわりにあるどんな物体も，質量に応じて時空をゆがめておるが，とても人が認識することはできないんじゃ。

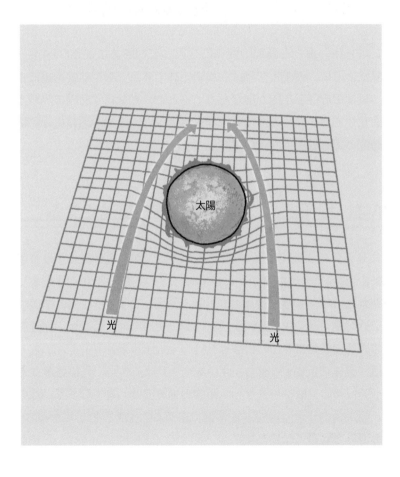

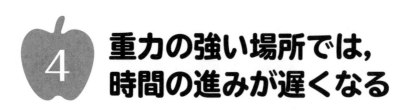

4 重力の強い場所では，時間の進みが遅くなる

空間がゆがんでいるとき，時間の流れも変化している

　ここからは，重力と時間の関係に注目していきましょう。14ページで見たように，時間と空間はつねに一体です。一般相対性理論によると，天体の周囲で空間がゆがんでいるとき，かならず時間の流れ方にも変化がおきます。**天体の質量が大きいほど，また，天体に近いほど，時間の流れは遅くなるのです。**

重力が強い場所ほど，時間の進み方が遅くなる

　巨大な天体によって，光の進路が曲げられる場合を考えてみます（右のイラスト）。光が曲がるとき，カーブの内側の方が，外側よりも経路が短くなります。速度は「距離÷時間」ですから，光の速度は天体に近い側で遅くなっていることになりそうです。これは，光速度不変の原理に矛盾することにならないのでしょうか。

　実は，天体に近い側（重力が強い場所）では，本当に光の速度が遅くなっているのではありません。時間の進み方が，遅くなっているのです。**このように，一般相対性理論によると，重力が強い場所ほど，時間の進み方が遅くなります。**

注：天体のそばで光が曲がる現象は，半分が「時間の遅れの効果」によるもので，半分が「空間のゆがみの効果」によるものです。

ブラックホールのそばの時間

重力がとても強い「ブラックホール」のそばで，光が曲がるよ
うすをえがきました。光のカーブの内側と外側で，光の経路の
距離がことなるため，光の速度が変わりそうです。しかし実際
には，光の速度は同じで，時間の進み方がことなります。

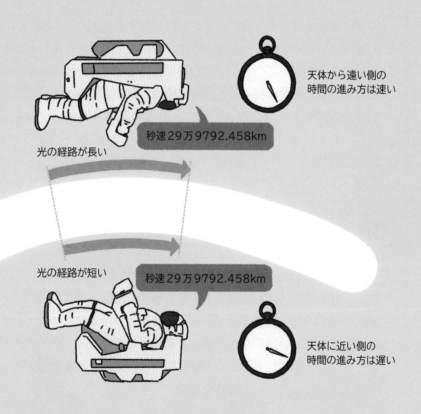

天体から遠い側の
時間の進み方は速い

秒速29万9792.458km

光の経路が長い

光の経路が短い

秒速29万9792.458km

天体に近い側の
時間の進み方は遅い

ブラックホール

5 東京スカイツリーの先端は，時間が速い

地上からはなれると，時間が速く進む

　地球の重力もわずかながら，時間の遅れを生じさせています。私たちは，まわりに何もない宇宙空間よりも，ごくわずかにゆっくりと進む時間の中を生きているのです。逆にいえば，地上からはなれればはなれるほど，重力は弱くなり，時間の進み方が速くなっていくことになります。たとえば，高さ634メートルの東京スカイツリーの先端では，約100兆分の7だけ地上よりも速く時間が進みます。これは，約45万年でようやく1秒の差が出てくる程度のちがいです。

太陽の表面は，地球上よりも時間の進み方が遅い

　一方，太陽（質量は地球の約33万倍，半径は約109倍）の表面は，地球よりも重力が強く，地球上よりも時間の進み方が100万分の2程度だけ遅くなっています。このように地球上や身近な天体では，時間の進み方のちがいはごくわずかしかあらわれません。地球上で光が曲がるようすを通常見ることができないのは，重力による時間の進み方の変化がきわめて小さいからだともいえます。

東京スカイツリーの先端の時間

地上からはなれればはなれるほど，重力が弱くなり，時間の進み
は速くなります。地上634メートルの東京スカイツリーの先端で
は，地上の時間よりも100兆分の7程度，時間が速く進みます。

東京スカイツリーの先端（高さ634メートル）

100兆分の7程度だけ
地上よりも時間の進み方が速い

高い所では，地上よりも
速く時間が流れるんじゃ

ほぼ直進する光
地球上では，光の曲がりは
ごくわずかで，時間の変化
もごくわずかです。

時間の遅れと空間のゆがみが生みだす「重力レンズ」

天体の像がゆがんだり，複数に分裂したりする

　質量が大きい天体のそばでは時空がゆがみ，その結果，光が曲がることをみてきました。太陽のそばでの光の曲がりのほかにも，「重力レンズ」とよばれる現象が多数観測されています。重力レンズとは，本来は一つの天体なのに，途中にある巨大な重力源によって光が曲げられて，天体の像がゆがんだり，複数に分裂したり，明るさが強められたりする現象です。

時空のゆがみが，レンズとしてはたらく

　たとえば，遠い彼方にある銀河と地球との間に，銀河団のような巨大な重力源がある場合，遠方の銀河がリング状や円弧状に見えることがあります（右のイラスト）。手前に存在する銀河団が重力レンズとしてはたらき，遠くの銀河から放たれた光を曲げて，像をゆがめているのです。

　眼鏡やカメラなどに使われる通常のレンズは，ガラスやプラスチックなどの物質が光を曲げています。一方，重力レンズでは，時空のゆがみがレンズとしてはたらいています。

重力レンズ

遠方の銀河と地球との間に，巨大な重力源がある場合，遠方の銀河からやってくる光が曲げられることがあります。このような現象を，重力レンズといいます。

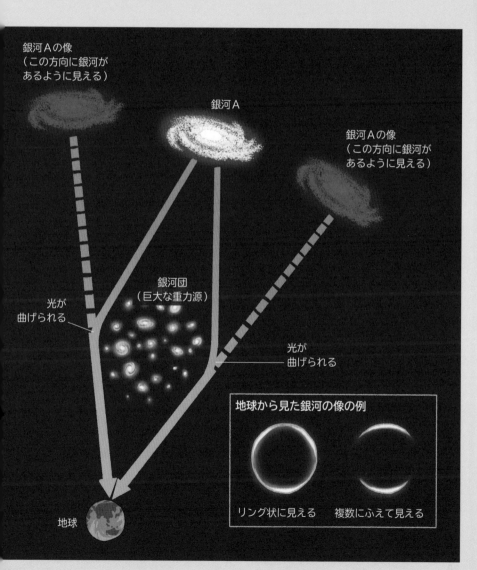

銀河Aの像
（この方向に銀河が
あるように見える）

銀河A

銀河Aの像
（この方向に銀河が
あるように見える）

光が
曲げられる

銀河団
（巨大な重力源）

光が
曲げられる

地球から見た銀河の像の例

リング状に見える　　複数にふえて見える

地球

コンタクトレンズの考案者

　私たちに身近なレンズといえば，主に近視の人が装着するコンタクトレンズがあります。**コンタクトレンズのしくみを最初に考案したのは，モナ・リザなどの作品を残したイタリアの芸術家，レオナルド・ダ・ヴィンチ（1452 ～ 1519）だといわれています。**

　1508年，ダ・ヴィンチはコンタクトレンズにつながる，水槽を使った実験を行います。**それは，球の形をした水槽の中に水をいれて，水槽に顔をつけるというものです。**この中で目をあけたところ，外の景色がちがってみえることを発見したといいます。今のようなコンタクトレンズの形ではないものの，原理的にはコンタクトレンズと同じものでした。

　実際に目に装着するコンタクトレンズの開発に成功したのは，スイスの眼科医のオイゲン・フィック（1852 ～ 1937）です。1888年にガラスでコンタクトレンズをつくり，自ら試しました。現在普及しているプラスチックでできたコンタクトレンズは，1930年代に開発されたものです。

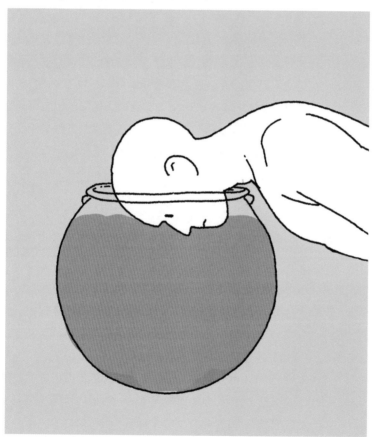

⑦ タイムトラベルも可能なのかもしれない

未来へのタイムトラベルは，原理的には可能

相対性理論によると，時間と空間が長くなったり短くなったりすることを利用すれば，未来へのタイムトラベルが原理的には可能だといいます。たとえば，「光速に近い速度で運動してもどってくる」といった方法や，「ブラックホールなどの重力の強い天体のそばまで行ってもどってくる」という方法なら，旅行者にとってはわずかな時間しか経っていないのに，地球では長い年月が経っているといった状況をつくることができます。

過去へのタイムトラベルは，禁じられているのかも

さらに一般相対性理論によると，はなれた2地点を結ぶ時空のトンネルである「ワームホール」が実在していた場合などの特殊な状況の下では，過去へのタイムトラベルも原理的には可能だといいます。ただし，ワームホールが宇宙に実在する証拠はみつかっていません。

過去へのタイムトラベルは，過去の歴史を改ざんできる可能性を開いてしまいます。そのため多くの物理学者は，一般相対性理論をこえた何らかのメカニズムが，過去へのタイムトラベルを禁じているのではないかと考えているようです。

過去へのタイムトラベル

時空のトンネルである「ワームホール」を使うと，過去へのタイムトラベルができるかもしれません。しかし，ワームホールが実在する証拠は見つかっていません。

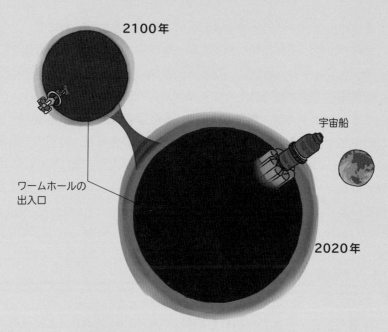

2100年

宇宙船

ワームホールの
出入口

2020年

ワームホールとは，空間的または時間的にはなれた2点間を結ぶ時空のトンネルです。ワームホールは二つの出入口をもち，片方の出入口に宇宙船が入ると，すぐに他方の出入口から出てきます。

過去へのタイムトラベルは，不可能だと考える物理学者も少なくないイカ。

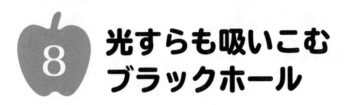

8 光すらも吸いこむ ブラックホール

ブラックホールは，質量が大きい恒星のなれの果て

　質量が大きい天体のそばでは，光は進行方向を曲げられます。そして質量が大きい天体ほど，光を大きく曲げます。**極端に質量が大きい天体なら，光を曲げるだけでなく，光を吸いこんで逃がさないということもありえます。** そのような天体が，「ブラックホール」です。

　ブラックホールは，質量が太陽の25倍程度以上大きい恒星の，なれの果てだと考えられています。恒星が燃えつきると，恒星の中心部はみずからの重力で収縮をはじめます。質量が大きい恒星の中心部の重力はあまりに強いため，収縮が止まらず，1点につぶれると考えられています。

光は，特異点に吸いこまれていく

　質量が大きい恒星がつぶれた結果，中心には「特異点」とよばれる大きさゼロで密度無限大の点が，計算上生じます。「密度＝質量÷体積」なので，体積がゼロだと密度が無限大になるのです。**ブラックホールに入った光は，すべて特異点に吸いこまれていきます。** 特異点は，時空の終着駅なのです。

注：質量の大きい恒星がつぶれた結果，ほんとうに密度が無限大になるのかどうかについては，未解明です。

光を吸いこむブラックホール

質量が大きい恒星が寿命をむかえて，みずからの重力でつ
ぶれると，ブラックホールができます。ブラックホールは，
重力がきわめて強く，光を曲げるだけでなく，光を吸いこ
んでしまいます。

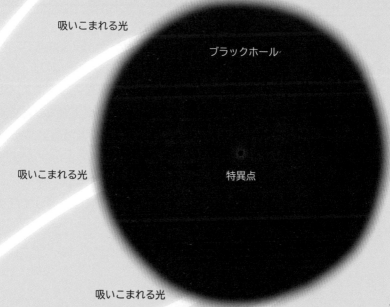

曲げられる光

吸いこまれる光

ブラックホール

吸いこまれる光

特異点

吸いこまれる光

103

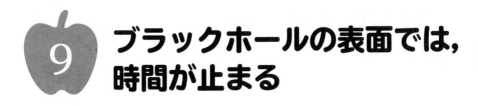

ブラックホールの表面では、時間が止まる

質量が大きい天体のそばでは、時間が遅くなる

　ブラックホールの中に入った光は、脱出することができません。つまり、ブラックホールのちょうど表面から外向きに発せられた光は、外へ向かって進むことができません（イラスト1）。

　質量の大きい天体のそばでは、天体に近いほど、光の速度がみかけ上遅くなります。そしてそれは、時間の流れが遅くなることを意味しています。これと同じように考えると、ブラックホールの表面では、外側から見れば時間の流れが完全に止まってしまいます。

宇宙船は、ブラックホールの表面で静止して見える

　ブラックホールに向かって落ちていく宇宙船を、遠くはなれた母船から観測すると、どう見えるでしょうか。ブラックホールの近くでは、ブラックホールに近づくにつれて、時間の流れが遅くなります。そのため、宇宙船は徐々にスピードを落とし、ブラックホールの表面で完全に静止してしまうように見えます（2）。一方で、宇宙船の中の人からすると、時間はふだん通り流れ、宇宙船はブラックホールの表面で止まることなく通りすぎます。しかし遠くはなれた母船の中にいる人は、どんなに時間がたっても、ブラックホールの表面を通りすぎる宇宙船を見ることはないのです。

ブラックホールの表面

ブラックホールのちょうど表面から発せられた光は，外へ向かって進めません。また，ブラックホールに落ちていく宇宙船を遠くはなれた母船から観測すると，ブラックホールの表面で静止して見えます。

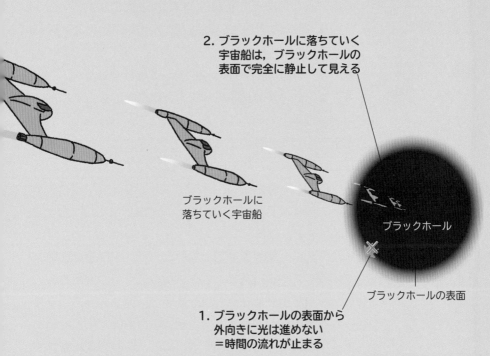

2. ブラックホールに落ちていく
宇宙船は，ブラックホールの
表面で完全に静止して見える

ブラックホールに
落ちていく宇宙船

ブラックホール

ブラックホールの表面

1. ブラックホールの表面から
外向きに光は進めない
＝時間の流れが止まる

ブラックホールから
遠くはなれた母船

どっちの方が年をとる？

 博士，もしも僕が，超高速の宇宙船に乗って遠くの星まで行って地球に戻ってきたら，同じクラスのゆきこちゃんとどっちが年をとっているんでしょうか？

 高速で動くほど時間がゆっくり流れるんじゃったな。じゃが，地上から見れば宇宙船の方が動いており，宇宙船からみれば地上が動いていることになる。じゃから，もしも宇宙船が同じ速度で飛びつづけた場合は，どちらも同じだけ年をとると考えられるな。

 そっか，じゃあ安心して宇宙に行けます。

 でもこの話は，そう単純ではないんじゃ。宇宙船は，地上で加速して宇宙に行き，さらに星の近くで減速せねばならん。宇宙船が加速や減速をすると，前や後ろに引っ張られるような力が発生する。実はこの力は，重力と同じようなもので，この力が大きいほど，時間の流れが遅くなる。つまり，宇宙船の方が時間の流れが遅くなるんじゃ。地球に帰ってきたら，ゆきこちゃんの方が年をとっていることになるな。

 …………。

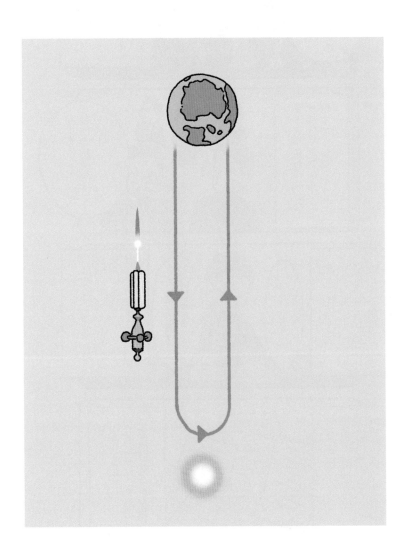

大学から奇跡の年へ

今日も
アインシュタイン君
はサボりか！

アインシュタインは
大学の授業には
あまり出席せず
物理学の専門書を
読みあさっていた

サボるやつは
就職の推薦しない！
ダメ！

大学を卒業したものの
就職先がなかなか
見つからなかった

しばらくアルバイトで
食いつないでいたところ
友人の紹介で
特許局の職員に

今日の仕事は
終わりだ！

研究しよう！

あまり忙しくは
なかったので
自分の研究をする
ことができた

1905年
立てつづけに3本の
革新的な論文を発表

1905年は
物理学における
「奇跡の年」と
いわれている

研究者として

ベルリン大学の教授になったアインシュタイン。1916年に一般相対性理論を発表した

そうだ！重力は時空のゆがみなんだ！

1919年、太陽による時空のゆがみはイギリスの研究者が行った皆既日食の観測で確認された

これによりアインシュタインの名前は世界中に知られるようになった

1922年、日本へ向かう船の上でノーベル物理学賞授賞の知らせを受ける

授賞の理由は、「光電効果の法則の発見」だった。相対性理論を正当に評価できる研究者はまだいなかった

研究者としては栄光に包まれていたもののドイツで反ユダヤ主義が高まったため、1933年、アメリカに亡命。二度とドイツに戻らなかった

ヨーロッパよ、さようなら

4. 相対性理論と現代物理学

||||||||||||||||||||||||||||||||||||||||||||||||

相対性理論は，物理学のさまざまな分野に発展をもたらしました。第4章では，相対性理論が現代物理学にどのように生かされているのかをみていきましょう。

1 宇宙では，空間が膨張していた

一般相対性理論によると，宇宙空間は膨張しうる

　20世紀初頭まで，宇宙空間は永遠不変だと考えられていました。一般相対性理論を生んだアインシュタインでさえも，そう考えていたのです。しかし1922年，ロシアの物理学者のアレクサンドル・フリードマン（1888 ～ 1925）は宇宙空間は膨張したり収縮したりしうるということを，一般相対性理論を使って理論的に明らかにしました。

宇宙空間の膨張が，観測された

　1920年代後半，ベルギーの宇宙物理学者のジョルジ・ルメートル（1894 ～ 1966）とアメリカの天文学者のエドウィン・ハッブル（1889 ～ 1953）は，宇宙空間が膨張していることを，天文観測のデータからつきとめました。
　右のイラストの1，2は，膨張する宇宙空間を模式的にあらわしたものです。各銀河の間の距離が2倍に伸びています。このような宇宙を観測すると，どの銀河から観測しても，遠い銀河ほど速い速度で遠ざかっています。ルメートルやハッブルが発見したのは，まさにこのような観測事実だったのです。

膨張する宇宙空間

膨張する宇宙空間のイメージです。1の宇宙空間が2倍に膨張したものが，2の宇宙空間です。どの銀河から見ても，遠くにある銀河ほど移動距離が長く，速い速度で遠ざかっています。

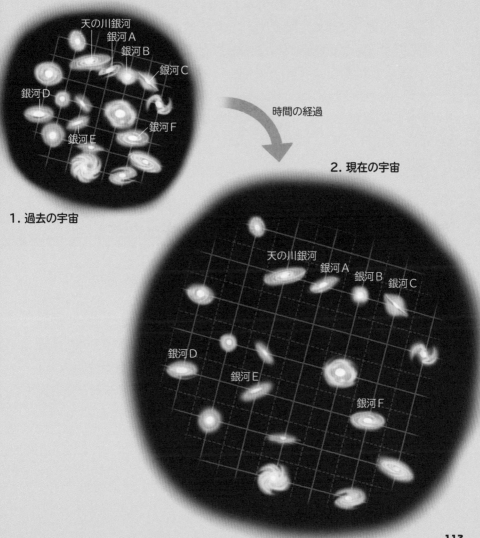

天の川銀河
銀河A
銀河B
銀河C
銀河D
銀河E
銀河F

時間の経過

2. 現在の宇宙

1. 過去の宇宙

天の川銀河
銀河A
銀河B
銀河C
銀河D
銀河E
銀河F

113

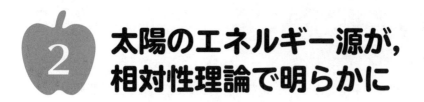

2 太陽のエネルギー源が，相対性理論で明らかに

太陽が石炭のかたまりなら，数千年で燃えつきる

　20世紀に入るまで，太陽が輝くメカニズムは謎のままでした。76ページで紹介した「$E=mc^2$」という式は，この謎を解決に導きました。

　当時の地質学者は，地球が誕生してから，少なくとも数十億年は経っているだろうと考えていました。しかし太陽は，仮に太陽の質量のすべてが石炭だとしたら数千年で，太陽自身の重力がエネルギー源だとしても数千万年で，燃えつきてしまう計算でした。これでは，太陽の寿命が短すぎます。

減少した質量の分，膨大なエネルギーが生じる

　この難問を解決したのが，特殊相対性理論でした。太陽の中心では，4個の水素原子核が猛烈な勢いで衝突，融合することで，ヘリウム原子核が生じる「核融合反応」がおきています。この核融合反応の反応前と反応後の質量をくらべたところ，反応後のほうが約0.7％だけ軽くなることが判明しました。つまり減少した質量の分だけ，「$E=mc^2$」にしたがって，膨大なエネルギーが生じるのです。この核融合反応なら，太陽は数十億年にわたって輝くことがわかりました。こうして，難問は解決されたのです。

核融合反応の反応前と反応後

太陽の中心部では，4個の水素原子核が核融合反応をおこし，ヘリウム原子核がつくられます。そして核融合反応によって，質量は約0.7%小さくなります。この減少した質量の分だけ，$E=mc^2$にしたがって，膨大なエネルギーが放出されます。

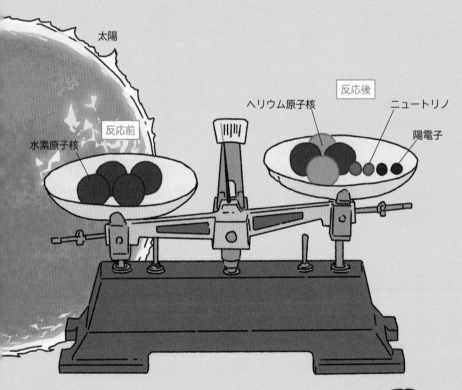

太陽

反応後

ヘリウム原子核

ニュートリノ

陽電子

反応前

水素原子核

太陽は，1秒間に400万トン以上も軽くなっているそうよ。

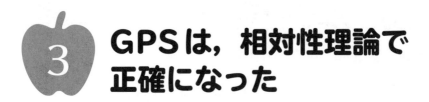

GPSは，相対性理論で正確になった

1日に120マイクロ秒遅れ，150マイクロ秒進む

　現在位置を知らせてくれる「GPS（全地球測位システム）」が，正確な位置を割りだすのにも，相対性理論が一役買っています。

　GPSの電波を発信する「GPS衛星」は，時速約14000キロメートルという速度で飛んでいます。**そのため特殊相対性理論によると，GPS衛星に搭載された時計は，地上の時計とくらべて1日で120マイクロ秒ほど遅れるといいます。**一方GPS衛星は，高度約2万キロメートルの宇宙空間を移動しているため，地球から受ける重力が地上よりも小さくなります。**そのため一般相対性理論によると，GPS衛星の時計は，地上の時計とくらべて1日で150マイクロ秒ほど進むといいます。**

GPSには，あらかじめ補正がかけられている

　つまり，特殊相対性理論と一般相対性理論をあわせて考えると，GPS衛星の時計は，地上の時計とくらべて1日で30マイクロ秒ほど進んでしまうことになります。この時計のずれは，距離にして，約10キロメートルの誤差を生みます。**このためGPSでは，二つの理論による時間のずれがあらわれないよう，あらかじめ補正がかけられているのです。**

GPS衛星

GPS衛星の時計は，地上の時計とくらべて，1日で30マイクロ秒ほど進みます。GPSでは，このずれをあらかじめ考慮して，補正するように設計されています。

時空のさざ波，重力波がみつかった

アインシュタイン最後の宿題

2016年2月，アメリカの重力波観測装置「LIGO」が重力波の直接観測に成功したというニュースが，世界中をかけめぐりました。**重力波とは，時空のゆがみが波となって，周囲に広がっていく現象です。**一般相対性理論によると，ブラックホールなどの大きな質量をもつ物体が動くと，時空のゆがみが水面上に広がる波紋のように，周囲に広がっていくといいます。ただし，重力波の直接観測は非常にむずかしく，「アインシュタイン最後の宿題」ともよばれていました。

太陽3個分の質量が，重力波として放射された

観測された重力波は，たがいの周囲をまわる二つのブラックホールが徐々に近づき，その後衝突，合体するときに生じたと考えられています。衝突したブラックホールの質量は，それぞれ太陽の質量の36倍と29倍であり，これらが合体することで，太陽の質量の62倍の質量をもつブラックホールになったといいます。36と29を足すと，65です。**欠けた太陽の質量の3倍の質量が，「$E=mc^2$」にしたがって膨大なエネルギーに変換され，重力波として放射されたのです。**

ブラックホール連星

イラストは，重力波を発する「ブラックホール連星」のイメージです。ブラックホールのような質量が大きい天体が高速で動くと，時空のゆがみが重力波として周囲に広がっていきます。ブラックホール連星は徐々に近づき，最終的に合体します。その瞬間に，さらに大きい重力波が発生すると考えられています。

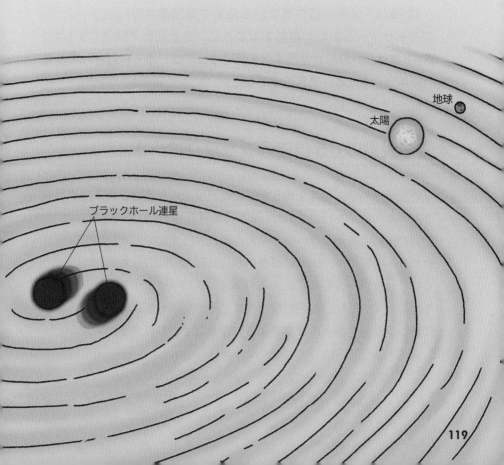

地球

太陽

ブラックホール連星

ついに見えた！ブラックホール

ブラックホールの影の撮影に成功

　　ブラックホールは，アインシュタインの一般相対性理論をもとに，理論的に存在が予測されてきました。しかしブラックホールは，光すら吸いこむ真っ暗な天体であり，その存在を画像で撮影して証明するのは困難でした。

　　2019年，日本の国立天文台も協力する国際共同研究チームが，ブラックホールの影を撮影することに，史上初めて成功しました。2019年は，一般相対性理論が観測によってはじめて実証されてから100年目にあたる，節目の年でした。

太陽の質量の65億倍のブラックホール

　　研究チームは，地球上の8か所の電波望遠鏡を連動させて，ブラックホールの観測を行いました。そして地球から5500万光年はなれた，銀河の中心にあるブラックホールの影をとらえたのです。このブラックホールの質量は，太陽の質量の65億倍におよぶといいます。

　　ブラックホールの周囲にあるガスは，ブラックホールに飲みこまれる際，とてつもない高温になります。その高温のガスの輝きで，中心にあるブラックホールが影のように浮かび上がるのです。

撮影されたブラックホール

国際研究チームは，2019年4月10日，ブラックホールの影の撮影に成功したことを発表しました。下の画像の中央が，ブラックホールの影です。リング状に輝いているのは，ブラックホールのまわりのガスから放たれた電波です。

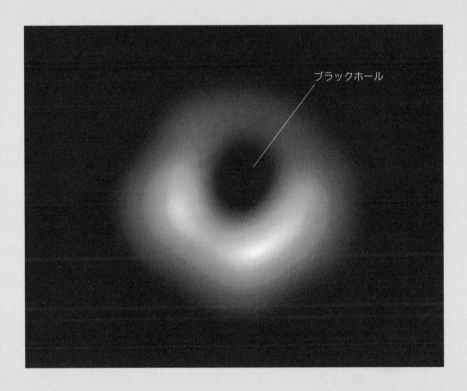

ブラックホール

一般相対性理論の発表から100年以上の時を経て，ついにブラックホールの存在が直接証明されたのです。

重力は，相対性理論で解明されたの？

一般相対性理論は，重力についての理論なんですよね。
重力に関係することは，全部わかったんですか？

いや，一般相対性理論では計算できない現象が，いくつ
かあるんじゃよ。その一つが，ブラックホールじゃ。

ブラックホールがあることは，一般相対性理論をもとに
予測されたんですよね。

うむ。ただその中心の密度は，一般相対性理論にもとづ
いて計算すると，無限大になってしまうんじゃ。超ミク
ロな宇宙空間の密度などの，極端に小さい空間の重力現
象は，一般相対性理論ではうまくあつかえないのじゃよ。

へぇ～。

一般相対性理論とミクロな世界の物理法則である「量子
論」を統合した，新たな理論の構築に，世界中の物理学
者たちがいどんでおるぞ。

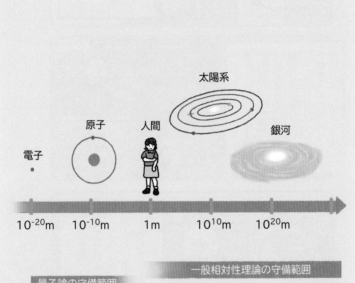

量子論は，原子や電子などのミクロな世界をあつかう理論です。一方，一般相対性理論は，主にマクロな世界をあつかう理論です。量子論と一般相対性理論を統合した理論を完成させることが，物理学者たちの目標の一つになっています。

日本でのアインシュタイン

1922年
出版社の招きにより
アインシュタイン夫妻
は日本を訪れた

東京、仙台、名古屋など
全国8か所で講演。
大歓迎を受けて
講演には合計
1万4000人
が集まった

講演の合間には、
歌舞伎や能を鑑賞。
アインシュタインは
日本人や日本の文化が
すっかり好きになった

滞在は43日。
日本を去る前に
送別会が開かれ、
アインシュタインは
バイオリン演奏を披露した

アインシュタインの平和活動

1939年、原子力エネルギーを兵器に用いる可能性を記した手紙に署名しルーズベルト大統領に送った

その後、アメリカは原子爆弾の製造に着手し1945年、広島と長崎に投下した

アインシュタインはひどくショックを受けた。手紙に署名したことを後悔し、後に湯川秀樹に涙ながらに詫びた

そして「世界は一つにならなくてはならない」と訴えるようになった

アインシュタインは1955年4月13日腹部大動脈瘤肥大で入院。そして4月18日に亡くなった。76歳だった。

最期の言葉はドイツ語だった。看護師がドイツ語を理解しなかったため何と言ったのかは不明

同じ年の7月、「ラッセル＝アインシュタイン宣言」が発表された。これはアインシュタインが取り組んでいた活動の一環で核兵器の廃絶と科学技術の平和利用を訴えたものだった

ニュートン式
超図解 最強に面白い !!

人工知能 仕事編

A5判・128ページ　990円（税込）

　人工知能（AI）は，すっかり耳慣れた言葉になりました。しかし実際に，AIがどんな仕事をしているかご存じですか。人のかわりに車を操作する「自動運転」，人の言葉を理解してくれる「会話するAI」をはじめ，医療現場や災害対策にもAIが活躍しています。また，絵画の鑑定や制作，ゲームの制作などにかかわる「AI芸術家」も登場してきました。本書は，AIのおどろくべき進化と活躍を，"最強に"面白く紹介します。ぜひご一読ください！

 主な内容

人と会話するAI

AIは，意味から音声を推測する
音声アシスタントは，会話から使うべき機能を探る

接客や創作活動をするAI

採用試験に，AIが取り入れられはじめた
ゲームをつくるAI

災害対策に活用されるAI

地震による津波の被害を，AIが予測
デマ情報の拡散を防ぐのも，AIの仕事

ニュートン式
超図解 最強に面白い!!

時間

A5判・128ページ　990円(税込)

　時間は，だれにとっても身近なものです。しかし時間とは，いったい何なのでしょうか。この疑問は，古くから多くの科学者たちを悩ませてきました。本書は，物理学や心理学，生物学など，さまざまな視点から，時間の正体にせまる1冊です。「タイムトラベルはできないの?」「楽しい時間が短く感じるのはなぜ?」など，時間についての不思議を"最強に"面白く解説します。ぜひご一読ください!

 主な内容

時間の正体にせまる

時間の正体は，2500年以上前からの謎
時間は，宇宙の誕生とともに生まれたのかもしれない

タイムトラベルを科学する

未来へのタイムトラベルは，実際におきている
ワームホールを使った過去への旅行

心の時計，体の時計

楽しい時間は，あっという間
私たちは，体内時計に支配されている

余分な知識が
満載だペン!

Staff

Editorial Management	木村直之
Editorial Staff	井手 亮, 井上達彦
Cover Design	岩本陽一
Editorial Cooperation	株式会社 美和企画（大塚健太郎, 笹原依子）・青木美加子・寺田千恵

Photograph

121	EHT Collaboration

Illustration

表紙カバー	佐藤蘭名	41~71	佐藤蘭名
表紙	佐藤蘭名	73	小林稔さんのイラストを元に
3~13	佐藤蘭名		佐藤蘭名が作成
15	黒田清桐さんのイラストを元に	75~115	佐藤蘭名
	佐藤蘭名が作成	117	吉原成行さんのイラストを元に
17~33	佐藤蘭名		佐藤蘭名が作成
35	富崎NORIさんのイラストを元に	119	加藤愛一さんのイラストを元に
	佐藤蘭名が作成		佐藤蘭名が作成
37	佐藤蘭名	123~125	佐藤蘭名
39	黒田清桐さんのイラストを元に		
	佐藤蘭名が作成		

監修（敬称略）：
　佐藤勝彦（東京大学名誉教授, 自然科学研究機構名誉教授, 明星大学理工学部客員教授）

本書は主に, Newton 別冊『ゼロからわかる 相対性理論』, Newton 別冊『伸び縮みする 時間と空間』,
Newton 別冊『光速C』の一部記事を抜粋し, 大幅に加筆・再編集したものです。

初出記事へのご協力者（敬称略）：
　佐藤勝彦（東京大学名誉教授, 自然科学研究機構名誉教授, 明星大学理工学部客員教授）
　二間瀬敏史（京都産業大学理学部宇宙物理・気象学科教授）
　向山信治（京都大学基礎物理学研究所教授）
　和田純夫（元・東京大学専任講師）

ニュートン式 超図解 最強に面白い!! 相対性理論

2020年7月15日発行　　2022年3月15日 第2刷

発行人	高森康雄
編集人	木村直之
発行所	株式会社 ニュートンプレス　〒112-0012東京都文京区大塚3-11-6
	https://www.newtonpress.co.jp/